"十四五"职业教育部委级规划教材

中外服装史

孙丽　主编

王欣　李俊蓉　副主编

中国纺织出版社有限公司

内 容 提 要

本教材分为三个部分：中国服装史、西方服装史、知名时尚大师。

中国服装史：从服饰起源到当代中国服饰的演变，在分析讲解中国历代服装制式的同时，凸显博大精深的中国文化和独特的东方审美。西方服装史：从古埃及到21世纪的时尚发展，主要讲述以欧洲为代表的西方服饰的演变与政治、经济、文化、艺术等因素之间的关系。知名时尚大师：列举19世纪中期以来对当代时装体系做出重大贡献的中外设计师，如查尔斯·弗莱德里克·沃斯、可可·香奈儿、卡尔·拉格菲尔德、郭培、马可等，主要讲述其成长经历、创作理念、创业精神，以及在可持续发展趋势下，新技术、新工艺、新理念对时尚行业发展的影响。

本书既可作为服装高等职业教育教材使用，也可供其他艺术门类的工作者及广大服饰爱好者阅读参考。

图书在版编目（CIP）数据

中外服装史 / 孙丽主编；王欣，李俊蓉副主编 . -- 北京：中国纺织出版社有限公司，2023.3（2024.10重印）
"十四五"职业教育部委级规划教材
ISBN 978-7-5229-0122-0

Ⅰ.①中… Ⅱ.①孙… ②王… ③李… Ⅲ.①服装－历史－世界－职业教育－教材 Ⅳ.① TS941-091

中国版本图书馆 CIP 数据核字（2022）第 227611 号

责任编辑：宗 静 责任校对：江思飞 责任印制：王艳丽

中国纺织出版社有限公司出版发行
地址：北京市朝阳区百子湾东里 A407 号楼 邮政编码：100124
销售电话：010—67004422 传真：010—87155801
http://www.c-textilep.com
中国纺织出版社天猫旗舰店
官方微博 http://weibo.com/2119887771
北京通天印刷有限责任公司印刷 各地新华书店经销
2023 年 3 月第 1 版 2024年10月第 3 次印刷
开本：787×1092 1/16 印张：12.5
字数：224 千字 定价：58.00 元

凡购本书，如有缺页、倒页、脱页，由本社图书营销中心调换

前言

PREFACE

中国是传统的纺织服装生产大国，纺织服装业是当代中国国民经济中一个庞大、稳定的支柱产业。它在中国社会"全面小康"建设中担负着实现人民丰衣足食乃至"美衣美居"美丽中国梦的历史使命。近年来，我国服装产业围绕"科技、时尚、绿色"新定位，坚持"科技""品牌""可持续"和"人才"四位一体的创新发展之路，越来越多的中国服饰企业向高端化、品牌化、国际化方向发展。

随着纺织服装产业的转型升级，行业对服装人才的需求也发生了变化，需要更多掌握原创设计思维及系统设计方法，能传承中国传统文化基因，又具有国际视野、品牌意识和社会责任感，识时尚、会设计、懂制作的高素质技术人才。

以此为目标，本教材在编写过程中融入课程思政元素，提高教材的思想性、科学性、时代性和系统性。本教材最大的特点是把知名时尚大师单列为一个单元撰写。传统服装史教材通常分为中国服装史、西方服装史两部分，知名设计师在西方史部分简略带过。但是很多设计师创作生命很长，在不同时期，随着社会发展、艺术风格的演变、工艺技术的进步，都有不同设计理念和产品输出。甚至19世纪中期以来的西方服装史正是由这些时尚大师铸就的。因而我们在编写这本教材时，将整体分为三个部分：中国服装史、西方服装史、知名时尚大师。

将设计师单列还出于以下考虑：一是通过对设计师成长经历和创业历程的描述，引导学生树立正确的世界观、人生观、价值观和职业观；二是通过对设计师代表作品创作背景和理念的介绍，提高学生解决问题的能力，激发学生的创新意识；三是在这一部分首次加入两位中国设计师郭培和马可，展现中国设计师在文化传承创新中所做的探索，展现文化自信；四是把设计师单列可避免设计师与品牌名字混淆的问题。在教学实施中，突出设计师的艰苦创业之路、创新创意之光、设计师安身立命的审美和人文素养、作品创作过程中的工匠精神等。因篇幅有限，本教材只收录了25位设计师，人物的取舍上虽尽可能把握大局，仍不可避免地会带有个人偏好因素。不尽之处，或在后续数字资源中弥补。

本教材的编写团队由苏州工艺美术职业技术学院孙丽、王欣、李俊蓉，天津商业大学宝德学院孙艺菲组成。其中孙丽负责教材的整体策划和知名时尚大师部分的编写，王欣负责中国服装史部分的策划与编写，李俊蓉负责西方服装史部分的策划与编写，孙艺菲负责西方服装史中近现代服饰部分的编写。教材编写过程中还得到了北京服装学院服装艺术与工程学院杨洁老师的无私协助，以及郭培、马可两位时尚设计师及其团队针对部分内容提供了珍贵的一手资料，在此表示衷心的感谢。编者们将自己长期扎根于服装设计高职教育一线的教学经验和参与企业项目的实战经验倾注于本教材，希望读者不仅能学习到服装史的知识，还能形成正确的劳动观、职业观、价值观。

本教材为2021年江苏高校"青蓝工程"优秀教学团队阶段性成果。感谢苏州工艺美术职业技术学院对本书出版及数字资源制作给予的大力支持。

孙　丽

2022年10月

目录

CONTENTS

第一部分　中国服装史

第二部分　西方服装史

第三部分　知名时尚大师

第一部分

中国服装史

中国自古以来就有"礼仪之邦""衣冠上国"的美誉，服饰文化是中国文化中的重要组成部分，不仅蕴含了深厚的文化内涵，也反映了社会形态的变革与生产生活方式的演变。这一变迁历程，也是一部民族融合、文化交流的历史。在这一过程中，中华服饰不断吸收外来服饰文化，服饰的实用功能得到充分重视，并对传统的服饰符号功能提出新的思考，极大丰富了中华服饰元素。

第一章　夏商周服饰

一、古代服饰的起源

广袤的中华大地是人类文明的主要发祥地之一，早在几十万年前，这片辽阔的土地上就有了人类祖先活动的足迹。在自然环境恶劣的原始社会，先民们赤身裸体过着简陋的穴居生活。进入石器时代，原始人类开始从直立人向智人进化。这一时期物质资料极为匮乏，但他们战胜了严寒与饥饿，并开始认识大自然，利用大自然。人们在采集、渔猎的过程中使用树叶、兽皮、羽毛等材料来蔽体。《礼记·礼运篇》："昔者……未有麻丝，衣其羽皮。"《后汉书·舆服志》中"衣毛而冒皮"描述的正是这一情况。

不同地域的原始部落往往会选择不同的装扮以适应各自环境。为御寒，人们披上兽皮和树叶来保暖；为避免烈日暴晒、风雨袭击、虫叮蛇咬，人们会在身上涂上油脂或黏土，披挂树叶或树皮。在另外一些地区，为了能靠近狩猎目标获得猎物，人们把自己打扮成猎物的捕食对象，如戴兽角或披挂某些动物的毛皮……上述行为均与人类服饰的诞生有着紧密关系。

正如书写需要笔墨，服装制作离不开针这一缝制工具。我国纺织工艺的起源，最早可追溯至旧石器时代晚期。在辽宁省小孤山洞穴遗址中出土了大约4万年前的骨针等物品，而在距今2万~5万年前的北京周口店龙骨山山顶洞人遗址中，发现了一枚用鸟兽细骨磨制而成的骨针，其针长约8.2cm，直径0.31~0.33cm，孔径约1.5mm（图1-1）。在苏州吴江梅堰的新石器时期遗址也曾出土56根骨针，长短粗细不一，有的圆柱穿孔，孔部扁圆。从这些考古实物我们能够推测，当时身处北方的原始人类已经能够运用这些磨制精细的骨针进行简单的兽皮服饰加工。兽皮材料来

图1-1　北京周口店龙骨山山顶洞人遗址骨针复制品

源于鹿、牛、猪、狐狸等动物，而缝线则可能运用动物的韧带纤维加工而成。《尚书·禹贡》中提到："冀州岛夷皮服，扬州岛夷卉服。"说的正是北方夷族以皮为服，而南方夷族以草卉为服。身处南方的原始人类显然对植物的利用更加得心应手，这也为人类发现和运用天然植物纤维奠定了基础。

距今7000多年前，农业和畜牧业开始出现，人类社会也随之发生了巨大变革，棉、麻、毛等纺织物的出现使服饰发展有了新的飞跃。生产力的提升也使人类逐步掌握了纺纱和织布等技术。

最初的纺织技术是在编席和结网的基础上发展起来的。在纺织工具未发明之前，纺织品由手工编织，后来逐渐出现了原始的腰机和机织工艺。在浙江余姚河姆渡出土了距今6900年的苎麻织物残片；在西安半坡仰韶文化遗址出土的距今7000年的陶器中，发现有100余件麻布或编织物；在苏州唯亭草鞋山遗址中，考古学家在新石器第十层文化堆积中发现了三块距今5400年、已炭化的纺织物残片（图1-2），经鉴定，纺织品的纤维原料可能是野生葛麻，织物为纬线起花的罗纹编织品，花纹为山形和菱形斜纹。它不同于普通的平纹粗麻布，其中一块经密达每厘米10根，纬密达每厘米26~28根，显示出较高的织造工艺水平。

近几年在河南省西平的耿庄龙山文化遗址、上坡龙山文化遗址和三所楼、小潘庄等龙山文化22处遗址中发现了许多人类早期抽丝纺线的陶制"纺轮"。显然，这些工具都为当时织物生产提供了有力的技术支持（图1-3）。

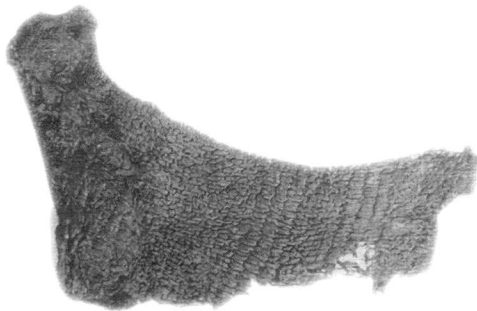

图1-2 苏州唯亭草鞋山遗址炭化的纺织品残片

图1-3 龙山文化陶制纺轮

丝绸在我国服装发展史中的地位尤为重要，它对世界服装及纺织业的发展都做出了突出贡献。我国是世界上最早发明养蚕、缫丝和织绸的国家。相传黄帝之妃嫘祖始教民育蚕、缫丝、织丝，诸多古籍对此均有记录，如《皇图要览》中"伏羲化蚕，西陵氏始蚕"；《蚕经》中"命西陵氏劝蚕稼，亲蚕始此"；《通鉴纲目外纪》也提到"西陵氏之女嫘祖，始教民育蚕，治丝茧以供衣服，而下皴瘃之患，后世祀为先蚕"。在《辞源》中"西陵氏"词条写道："黄帝娶西陵氏于大梁，曰嫘祖，为帝元妃，始教民育蚕治丝茧，后世祀为先蚕。"据《尚书》记载，夏商周时期已在黄河中下游流域普遍植桑养蚕。《诗经·魏风·十亩之间》中描述了在十亩良田间夹种桑树的一派景象"十亩之间兮，桑者闲闲兮，行于子还兮"。《诗经·豳风·七月》中也描述了当时人们采桑养蚕的情景"春日载阳，有鸣仓庚。女执懿筐，遵彼微行，爰求柔桑"。《诗经·卫风·氓》中有"氓之蚩蚩，抱布贸丝。匪来贸丝，来即我谋"。

目前，丝绸的具体产生时间在我国学术界仍存在着一定分歧，不过通过相关考古发掘，我们能够推断出大致时间段。20世纪中叶，在苏浙交界的吴兴钱山漾新石器遗址中出土了家蚕丝带、丝线和绢片，这是目前世界上出土的最早的丝织品实物，经C14鉴定距今4140～4700年（±85～100年）；1978年又在浙江省余姚市河姆渡遗址中发现了距今7000年左右新石器时期的刻有四条蚕纹的象牙盅（图1-4）和纺织工具；20世纪60年代末在苏州吴江梅堰遗址中出土了饰有丝绞纹和蚕形纹的黑陶，经鉴定距今也在4000年以上；在河南省荥阳市青台村仰韶文化遗址中，发现了距今约5500年的丝绸碎片。根据这些考古发现，我们可以推断丝绸的使用不迟于良渚文化时期。

图1-4 河姆渡遗址出土的蚕纹象牙盅

各式服装材料的陆续登场、纺织技术的不断进步，以及人类心理需求与审美意识的日益提升，都促使服饰外观形制、制作方法和穿着方式不断地发生演变，人类服饰发展的帷幕也由此拉开。

二、夏商周服饰概述

《易·系辞下》载："黄帝、尧、舜垂衣裳而天下治，盖取诸乾坤。"意思是黄帝、尧帝和舜帝创造了布帛制的衣裳来教化天下，治理国家。在早期中国社会中，服装观念深受原始信仰的影响，体现了人们对自然神灵和祖先的崇拜与敬畏。

公元前21世纪，原始社会后期生产力的发展及由此而引发的二次社会大分工，导致了商品交换的出现、物质财富的增长和部落战争等一系列现象的发生，同时也打破了原始社会时期人们原本平等的关系。随着私有制产生并发展，原始社会解体，奴隶社会正式开始。

公元前2070年，夏建立了中国历史上第一个奴隶制王朝，社会分化为奴隶和奴隶主两个对立阶级。阶级观念逐渐形成的同时，夏朝开始出现祭服制度，服饰被赋予了等级差别和身份尊卑的内涵，成为统治阶级"昭名分、辨等威"的工具。公元前1600多年商朝建立，此时农业已获得了快速发展，金属器具开始被使用，社会分工不断细化。中国冠服制度大约在夏商时期初具雏形，如《帝诰》中"施章乃服明上下""未命为士者，不得朱轩、骈马、衣文绣"等，这为周代服饰制度的正式形成奠定了基础。

殷商时期，关于丝织物的记载逐渐增多，特别是甲骨文中除蚕、桑、丝、帛等字样以外，带丝旁的字也较多（图1-5），与蚕丝有关的文字达100余个，说明丝绸织造在此时的社会生产中具有了一定的普及性。故宫博物院收藏的一件商代玉戈上就留下了以平纹为地、呈雷纹的丝织物印痕，这为我们了解该时期的丝织技术和服饰文化提供了直接依据（图1-6）。

图1-5　甲骨文中的"丝"字和"蚕"字

图1-6　故宫博物院藏商代玉戈

殷商时期民风淳朴，人们日常衣着较为素朴，正如《大戴礼记·曾子制言中》曰"布衣不完，疏食不饱，蓬户穴牖。""布衣"即粗布之服，后世称平民为"布衣"也源于此处。《诗经·豳风·七月》中曰："无衣无褐，何以卒岁？"其中提到的"褐"是一种以兽毛为原料、毛绒短粗、纺织而成的毛织物，因具有一定的御寒性，故被用于制作冬衣。《礼记·少仪》："国家靡敝，则车不雕几，甲不组縢，食器不刻镂，君子不履丝屦。"可见当时贵族在穿着上也崇尚节俭。

夏商时期有关服饰的文字记载和实物鲜见，但通过出土的玉雕、石雕和陶俑可以看到当时的服饰穿着多为头戴帽、腰束带，上衣为交领右衽或对襟、窄袖、有饰边和纹饰，下身穿裳或裤，贵族穿蔽膝。如河南省安阳市殷墟妇好墓出土的戴箍冠圆雕玉人像（图1-7），其身着交领窄长袖衣，衣长及踝，束宽腰带，着鞋。又如四川广汉三星堆出土的大型青铜立人像

图1-7　殷墟妇好墓出土的戴箍冠圆雕玉人像

图1-8 三星堆出土的大型青铜立人像

（图1-8），该铜人头戴冠饰，外穿左衽长襟衣，其上饰有饕餮纹、龙纹，内穿上衣下裳，下裳分前后两片，后片长及脚踝，形似燕尾，而前片则略短。

在公元前11世纪中期，周武王伐"纣"而得天下，周朝存续了约800年，是中国历代最长的王朝。周王朝以"德""礼"治天下，这一思想在以后的儒家思想的"仁义礼智信"理论中得到了进一步的完善和系统化，为我国封建社会历代所效法。

周代采用分封制、世袭制和等级制，并推出了一系列维护等级秩序、统治阶级内部秩序的礼乐制度，它体现在贵族生活的各个方面。无论是祭祖服饰、器物，还是宫室、车马的使用，都按照"爵位等级"根据身份的高低进行了严格规定，不得逾越。衣冠制度就是根据这些需求而制定出来的，所谓"贵贱有等，衣服有别，上有夫子卿士，下及庶民百姓，服饰各有等差"。周代规定了祭祀时有祭祀之服、朝会时有朝会服、从戎时有军服、婚姻嫁娶时有婚服、服丧时有凶服等。《礼记·月令》中还记载了天子在不同季节服装的对应色彩，《礼记·玉藻》中规定了上衣下裳的色彩搭配要求等。另外，周代还创立了"深衣制度"，这种款式改革了"上衣下裳"的形式，使上衣与下裳连属在一起，对后世的着装观念有着深远影响。

公元前771年，周幽王身亡，西周结束。公元前770年，周平王东迁洛邑，中国历史进入东周即春秋战国时期。

三、冕服之制

周代统治者以冠服制度来显示自己的尊贵和威严，同时达到"礼制"、维系"伦纲"的目的，其中又以冕服之制最为严格。祭祀是商周时期最重大的政治活动，为五礼之首，称为吉礼。周代冠服制度要求在祭祀时帝王百官必须穿着冕服。周代规定帝王有六种冕服，分别是大裘、衮冕、鷩冕、毳冕、绨冕和玄冕（图1-9）。《周礼·春官·司服》中记载："王之吉服，祀昊天上帝，则服大裘而冕，祀五帝亦如之；享先王则衮冕，享先公、飨射则鷩冕；祀四望山川，则毳冕；祭社稷五祀，则绨冕；祭群小祀，则玄冕。"

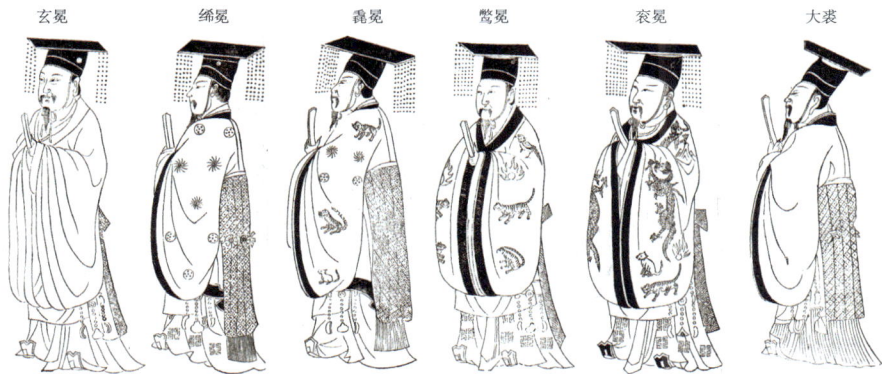

图1-9 《三礼图》中六类冕服样式

具体来看，冕服由冕冠、玄衣、纁裳和十二章纹等组成。冕冠是帝王、诸侯及卿大夫参加祭祀、典礼时最重要的一种礼冠（图1-10）。其形制是在冠的顶部覆盖一块长方形的冕板，名"綖"。冕板后高前低，象征帝王关怀百姓。前檐略呈圆弧形，而后部呈方正形，隐喻"天圆地方"。其上裱以麻布，上用玄色象征天，下用纁色象征地。冕板前后两端垂以穿了玉珠的"旒"，表示"目不视非、有所不见"。冕有多少旒，则每旒穿多少玉珠。如衮冕为十二旒，每旒十二玉；旒冕为九旒，每旒九玉等，其中十二旒为帝王所专用。冕板下部有帽卷，名"武"。两侧各开一孔，玉笄穿过与发髻固定。冕冠两侧各垂一段彩色丝绳，末端各系一颗玉石，谓之"瑱"（又名"充耳"），或为黄色丝绵球，寓意"非礼勿听"。后世所说的"充耳不闻"，即由此而来。

玄衣即黑色的上衣，其形制为右衽、博衣、大袖。右衽是汉族服饰的显著标志，样式为左襟压右襟。与之相反，左衽则为我国古代某些少数民族或中原地区人去世后所穿的上衣样式。纁裳即绛色的围

图1-10 头戴九旒冕的大禹
（宋马麟《夏禹王立像》）

裳，分为前后两片，前三幅后四幅，象征前阳后阴（图1-11）。

冕服腰间束系有大带和革带，大带材料为丝织物，穿着时从身后绕向身前，在腰部缚结后将多余的部分自然垂下，同时其宽度还用于区分社会阶层。

下裳中还有一块垂于腰带之下正中部位、上狭下广的斧形装饰，以革制成，四周包边，名为"韨"或"芾"，在普通礼服中称为"蔽膝"，它是冕服上必备的饰物。

冕服上最引人注目的则是十二章纹。十二章纹大约形成于周代，是已知最早的刺绣纹样（图1-12）。《后汉书·舆服志》中写道："黄帝、尧、舜垂衣裳而天下治……上衣玄，下裳黄。日月星辰，山龙华虫，作绘；宗彝，藻火粉米，黼黻，絺绣。以五采章施于五色作服。"《尚书·益稷》中也写道："予欲观古人之象，日、月、星辰、山、龙、华虫，作会（绘）；宗彝、藻、火、粉米、黼、黻，絺绣，以五采彰施于五色作服，汝明。"

图1-11　玄衣和生纁裳
（阎立本《历代帝王图》）

图1-12　十二章纹

具体来看，十二章纹是在中国古代帝王及高级官员服装上所绘绣的十二种纹饰，它们分别是：日、月、星辰、群山、龙、华虫、宗彝、藻、火、粉米、黼、黻，而绘绣有十二章纹的服装称为"章服"。这十二种图案，各有其象征意义。据历代注疏《周礼·春官·司服》解释：日月星辰，取其明也，象征光明；山，取其人所仰，象征帝王能安镇八方；龙，取其善于变化；华虫，取其文理，象征具有文章之德；宗彝，取其忠孝，象征具有"深浅之智，威猛之德"；藻，取其洁净，象征冰清玉洁；火，取其光明；粉米，取其"养人"，象征济养之德；黼，取其决断之意；黻，取其"背恶向善"。天子在最隆重的场合使用十二种章纹；王公贵族的祭服，则按公、侯、伯、子、男、卿、大夫的爵位等级使用不同的章纹。例如，公服从"山"而下用九章；侯、伯服从"华虫"而下用七章；子、男服从"藻"而下用五章；卿、大夫服从"粉米"而下用三章。这些纹饰成为中国帝制时代示尊贵、分等级的社会意识在服饰中的直接反映，在中国古代服饰发展中影响深远。

四、深衣之制

中国古代服装主要有两种基本类型：上衣下裳和衣裳连属，其中深衣就属于上衣下裳合并而成，因被体深邃，故得名（图1-13）。春秋战国时期，深衣被用于礼服和常服，它不分尊卑、不论男女，都可以穿着，是当时主要的服装样式，用途广泛。《礼记·深衣》曰："故可以为文，可以为武，可以摈相（迎宾），可以治军旅。完且弗费（途全面而不费工），善衣之次也（仅次于礼服）。"

深衣是周朝统治阶级的一个创举，源自社会对人们行为的要求，把服装的社会功能提高到道德规范的高度。《礼记·深衣》："古者深衣，盖有制度，以应规、矩、绳、权、衡。"深衣体现了古人在尊古、道德规范、文化象征等方面的需要，因此它无论在外形特征或是局部结构上都有一定格式，并有相应的固定"制度"，具体可以归纳为以下四个方面。

图1-13 马王堆汉墓出土素纱禅衣

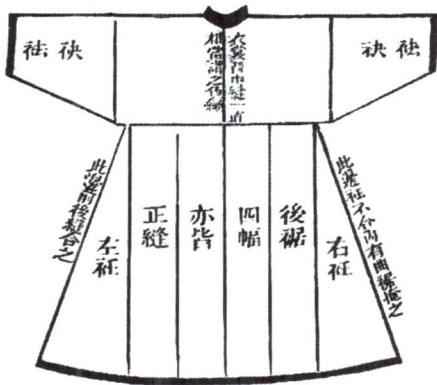

图1-14 深衣的上下连属结构

1. 上下连属

深衣是上下连属的服装，制作时是上下分裁，然后在腰间再缝合。腰缝以上仍称谓"衣"，腰缝以下则为"裳"。裁制用布为12幅，以应一年12个月之意（图1-14）。

2. 矩领

据《礼记·深衣》载："曲袷如矩以应方。"郑玄注："袷，交领也，古者方领。如今小儿衣领。"故从中可以得知"深衣"采用的是"矩领"。

3. 长至踝间

《礼记·深衣》："短毋见肤，长毋被土。"清代黄宗羲《深衣考》曰："此言裳之下际随人之身而定。其长短：太短则露见其体肤；太长则覆被于地上，皆不可也。"故得知深衣一般长度都在踝间。

4. 续衽钩边

除了直裾深衣以外，还有一类曲裾深
衣，其衣襟接长一段，作为斜角，穿着时
由前绕至背后。其目的主要是防止内衣外
露。"衽"的本意是指"衣襟"，即指衣服
"前片"。"续"在古时一般作"连接"解。
由此可以看出，所谓"续衽"，是将衣服的
前襟接长。而"钩边"则指"绲边"（图
1-15）。

深衣在当时大多采用白色细麻布制
成，战国后开始在服装的领、袖、襟、裾
等部位装饰彩锦缘边。这一款式直到魏晋
以后才逐渐不再盛行。

图1-15　着曲裾深衣的彩绘俑
（长沙楚墓出土）

五、胡服骑射

战国时期，邦国之间战事频繁，战争也促使了汉族与其他各族间相互接触、交
流，在生活方式、文化观念和宗教习俗等诸多方面产生相互影响和融合。公元前
325～公元前299年，中原出现了一项重要的服饰变革，史称"赵武灵王变服"。

在春秋之前，我国的战争形式一直以传统车战为主，士兵在沙场上主要是乘坐
战车，这一形式极不适合山区作战。随着战争地域的变化，为了能与快速灵活、单
兵骑射的少数民族士兵抗衡，赵武灵王决定放弃笨重的战车，组织骑兵和步兵，提
出"法度制令各顺其宜，衣服器械各便其用"的主张。在向胡人学习骑射的同时，
在军队中废止上衣下裳制，推行胡服。

所谓"胡服"，是指北方少数民族的装束：窄袖短衣、合裆长裤、皮带和皮靴。
它便于骑射，与中原地区宽袍大袖式的汉族服装有着很大的差别。由于赵武灵王
采用了这种轻便的服装形式和有效的作战方式，军事力量逐渐强大，成为战国"七
雄"之一，而胡服也从此得以盛行。

第二章　秦汉服饰

一、秦汉服饰概述

公元前221年，秦王嬴政结束了诸侯割据的局面，建立起中国历史上第一个中央集权的封建国家——秦。在秦始皇统治期间，他推行"书同文，车同轨，兼收六国车旗服御"等措施，统一了法律、制度、语言、文字、度量衡、历法等，其中也包括服饰制度。虽然当时的冠服制度并不完备，但对后世服制的修订与完善产生了深远影响。

秦代服装样式沿袭深衣的基本形制，尚黑色，百官皆着黑色朝服，显得庄严肃穆。由于亲法灭儒，自轻礼仪，自秦时起不用周礼，并废除周朝的冕服制度，唯独保留了玄冕。在朝中等级标志仅限冠式和佩玉，这些都是秦代统治阶级思想在服饰上的反映。但由于秦代只维系了短短十余年，未形成鲜明的历史阶段性服饰特征。

汉代初年，汉高祖废除了秦朝苛政，社会经济很快得以恢复和发展，而服制方面基本都沿袭了秦制。随着政权的稳定，统治阶层也开始构建统治意识形态。至汉武帝时期，兴建太学，并提出"罢黜百家，独尊儒术"，从此，儒学成为历代中国封建王朝的统治思想和中华民族传统文化的核心。在这些思想的影响下，汉代服制也日趋规范和详细。《后汉书·舆服志》载，汉代帝王服饰有祭服和常服。祭祀天地明堂时，帝王应头戴冕冠，身穿玄色上衣、纁色下裳；祭祀宗庙诸祀时，帝王应头戴长冠，外穿玄色绀缯深衣、绛缘领袖的中衣和绛色绔袜；戴通天冠时，应身穿深衣制式的袍服。其色为"五时色"，应随季节而变化，"孟春穿青色，孟夏穿赤色，季夏穿黄色，孟秋穿白色，孟冬穿黑色"，这也折射出"五行五色""天人合一"的传统思想观念在服装中的体现。东汉永平二年（59年），汉明帝诏有司博采《周官》《礼记》《尚书》等史籍，重新制定了祭祀服饰及朝服制度，从此正式确立了汉代服制。

汉代是中国封建社会中第一个繁盛期，经济、文化和社会发展的繁荣昌盛使人们对衣着装饰的要求与日俱增，服饰穿着也日趋华丽。统治阶级曾专门颁发禁令来反对奢靡之风，如汉成帝永始四年下令："公卿列侯，多畜奴婢，被服绮，车服过制。申敕有司，以渐禁之。青绿民所常服，且勿止。"但这些诏书对当时富商大贾的奢侈风气影响甚微。

汉武帝时期，曾先后两次派张骞出使西域，开辟了中国与中亚、西亚各国的陆路交通，贸易往来的同时也促进了汉族与各少数民族、各友好邻国间的经济、文化的交流。从西汉开始，直到隋唐，横贯亚洲的中西陆路通道"丝绸之路"始终不曾中断（图2-1）。

图2-1　张骞出使西域图局部（莫高窟第323窟）

二、首服之制

汉代首服制度中的冠帽多达十八种，它们分别是冕冠、长冠、委貌冠、皮弁冠、爵弁、武弁大冠、方山冠、巧士冠、通天冠、远游冠、高山冠、进贤冠、法冠、武冠、却非冠、却敌冠、樊哙冠和术士冠（图2-2）。汉朝官员的职务和等级主要由冠帽和佩绶来区分，需严格遵循。在朝堂之上，人们可以通过对方所戴的冠帽辨识其社会身份。

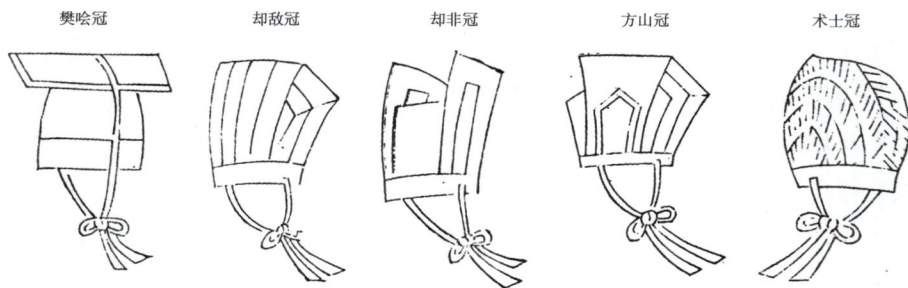

| 樊哙冠 | 却敌冠 | 却非冠 | 方山冠 | 术士冠 |

图2-2　汉代冠帽式样

1.祭服之首服

（1）冕冠：是皇帝、公侯、卿大夫祭服的配套首服，其造型基本沿用周制。

（2）长冠：原为汉高祖刘邦在秦为官时的帽式，又称斋冠或刘氏冠。其骨架由竹皮编成，冠顶的造型形似鹊尾，扁而细长，是汉代最具特征的冠式，为贵族祭祀庙宇时所戴（图2-3）。

（3）爵弁：广八寸、长一尺六寸，似爵形，前小后大，上用雀头色的丝织品制成。内侍在伴君祭祀时所戴。

（4）委貌冠、皮弁冠：两者形制相同，都是前期弁的形状。长七寸、高四寸，上小下大，形如覆杯。皮弁采用鹿皮制作，而委貌则用皂色绢制成。

（5）方山冠：形似进贤冠，五彩细縠为之，象征东、南、西、北、中五方，为御用歌舞乐人所戴。

（6）巧士冠：形似方山冠，前为五寸，腰后相通，直竖，为帝王身边的侍从、宦官所戴。

2.朝服之首服

（1）通天冠：为帝王专用的礼冠，用于百官朝贺和祭祀典礼（图2-4）。《后汉书·舆服志》："高九寸，正竖，顶少斜却，直下为铁卷梁，前有山，展筒为述，乘舆所常服。"

（2）远游冠：形似通天冠，为天子和诸王所戴，有"展筒横于前而无山"一说。

（3）进贤冠：为文官、儒士所戴。《续汉书·舆服志》："进贤冠……文儒者之服也。前高七寸，后高三寸，长八寸。"冠上有横脊，称为梁。上至公侯下至小吏皆可佩戴，只是冠上梁的数量各不相同。"公侯三梁，中二千石以上至博士两梁，自博士以下至小吏，私学弟子皆一梁"。进贤冠一直沿用至明代，成为中国古代文儒圣贤的标志之一，在中国古代服饰史中可谓影响深远（图2-5）。

图2-3 汉代长冠

图2-4 头戴通天冠的汉武帝像（《三才图会》）

图2-5 头戴进贤冠的西晋墓葬陶俑

（4）高山冠：形制与通天冠类似，汉代蔡邕在其著《独断》中写道："高山冠，齐冠也，一曰侧注。高九寸，铁为卷梁，不展筒，无山。秦制，行人使官所冠。今谒者服之。"

（5）法冠：是当时执法官吏戴的冠帽，早在战国就已出现，也叫獬豸冠。獬豸是传说中的神兽，性忠、能辨曲直。法冠模仿了獬豸形象，在后部有两根上端蜷曲的铁柱，象征和督促法官办事正直、公平（图2-6）。

（6）却非冠：形似长冠，高五寸，下部狭小，冠后饰有红色飘带两根，为宫殿门吏、仆射所戴。

（7）却敌冠：前高四寸、后高三寸、通长四寸，形制如进贤冠，是卫士所戴。

（8）樊哙冠：传说为汉代名将樊哙所创，其广九寸、高七寸，前后各出四寸，似冕、无旒，为殿门卫士所戴。

3. 常服之首服

巾的起源较早，商周时庶民不能戴冠，多在发髻上覆以巾，秦时在士兵中广为流行。巾主要为方形，由缣帛制成，以黑色、青色为主。汉代巾受到庶民的欢迎，后逐渐普及，至汉末巾也为官吏所用，以为雅尚。"头戴纶巾，手挥羽扇"成为当时文人儒士的普遍装束。

帻类似于巾，是套在冠下包覆髻的巾，最初为身份低微而不能戴冠的庶民所用。由于帻具有压发定冠的作用，后来身份显贵的男子也喜欢使用。汉代戴进贤冠时，先戴帻后加冠。后来帻被改进成帽子，为头顶上方可盖住发髻的高顶，四周的围沿整齐，颇似近代的无檐帽，有长、短之分。帻上加发冠，也有将头巾和帻合戴，因此出现了平巾帻、介帻、平顶帻、冠帻等（图2-7）。根据不同年龄、场合和身份，所戴的帻也各不相同。

图2-6 法冠
（洛阳出土的汉画像砖）

图2-7 头戴介帻的陶吹箫俑
（成都博物馆藏）

三、佩绶之制

汉代的职官品级，除了在冠巾、服装及腰带上显示区别以外，佩戴组绶也是标识官阶的重要方式，是汉代服饰中较具特色的一种服饰制度和礼仪，在服装史中称为佩绶之制。

所谓"绶"是指一条较宽的、系在官印上的绦带，又称"印绶"或"玺绶"。汉朝制度规定，官员平时在外，必须将官印装在腰间的囊里，将绶带垂在外边。绶既有实用性又具有装饰功能，并且其长短、颜色和花色纹样被用以区分职官大小。如皇帝、皇后佩黄赤绶；诸侯王佩赤绶；公、侯、将军佩色为紫等（图2-8）。《后汉书·舆服志》中对此做了详细记载："帝王（乘舆）佩黄赤绶，绶有四采：黄、赤、绀、缥。淳黄圭。长一丈九尺九寸，用丝五百首编成。绶一尺二寸。太皇太后、皇太后，佩绶均和皇帝相同。诸王佩赤绶。绶有四采：赤、黄、缥、绀。淳赤圭，长二丈一尺，用丝三百首编成。长公主、皇帝贵人等，其佩绶和诸王同。诸国王公贵人，亦相同，绿色绶。绶为三采：绿、紫、绀。淳绿圭。长二丈一尺，用丝二百四十首。公主、封君佩紫绶。与公侯将军同。九卿二千石，佩青绶。有三采：青、白、红。淳青圭。长一丈七尺，用丝一百二十首。千石、六百石，用黑绶。绶为三采：青、赤、绀。淳青圭。长一丈六尺。用丝八十首。四百石、三百石、二百石，佩黄绶。一采。淳黄圭。长一丈五尺。用丝六十首。一百石，佩青绀纶，用粗丝编织。一采。长一丈二尺。"这种佩绶制度，一直沿用到唐代后才逐渐消失。

图2-8　佩绶武士

东汉孝明皇帝时期，还设立了大佩制度。所谓大佩，是由各种玉制配件组成的饰物，相同的两组分别对称佩戴，一般都在祭祀、朝会等重要场合使用。皇帝的大佩系玉用串珠；公卿诸侯的大佩系玉用丝绳，丝绳颜色和绶是相同的。

四、楚汉袍服

袍服的形制初见于先秦时期，彼时它是一种长衣，作为内衣穿着使用。人们在禅衣内加衬里或纳以棉絮，用于御寒。随着秦汉时期"以袍为尊"，它逐渐普及，并由内衣升格为外衣，形制日渐复杂。袍的领口、袖口、襟缘、下摆都用勾边装饰，常见的勾边纹样有菱形纹和方格纹。袍服的领子以袒领为主，呈鸡心形，穿时露出中衣（图2-9）。汉时的袍袖宽博，袖口部分收缩紧小的称"祛"；袖身宽大称

图2-9 穿袍服的侍女俑
（西安任家坡汉墓出土）

"袂"。成语"张袂成阴"，就是借袍服宽大衣袖形制描绘了长安城街头都市的繁荣景象。

袍服大体可分为曲裾袍和直裾袍两类。曲裾即战国时期流行的绕襟深衣之式，衣襟右侧连缀有一块三角形的帛，绕身而穿，多见于西汉早期。湖南省长沙马王堆汉墓出土的袍服是一件非常重要的实物（图2-10）。

西汉后期穿曲裾的男子已很稀少，至东汉时期，人们更多选择直裾衣。直裾衣襟从领上斜到腋下，后直通下去。直裾在西汉就已出现，多为女性服用，至东汉时得以普及，男女皆可穿，并上升为礼服。直裾袍除祭祀朝会之外，各种场合都可穿着（图2-11）。

图2-10 曲裾袍（马王堆汉墓出土）

图2-11 直裾袍（马王堆汉墓出土）

第三章　魏晋南北朝服饰

一、多民族服饰的融合

魏晋南北朝始于公元3世纪，历时300多年，是中国历史上豪强争夺、战乱频繁的一个时期。

继汉之后，魏、蜀、吴三国鼎立的局面形成。公元265年司马炎篡魏，建立晋，终结了三国分裂的局面。在短暂统一后，又发生了诸王混战以及北方少数民族分裂割据的场面。晋灭亡后，中国陷入南北间长期分裂与对峙。南朝分别为宋、齐、梁、陈，而北方则由魏统一，后分为西魏、东魏、北齐和北周，统称南北朝。

南北朝时期，匈奴、鲜卑、羯、氐、羌等北方少数民族纷纷入侵中原，引发了社会的分裂与动荡，政权极不稳定。不过也正因为这一点，促使中原农耕文明与少数民族的游牧文化发生碰撞，在生产技术、思想文化、服饰穿着、生活习惯等诸多领域相互交流和融合。东晋葛洪在《抱朴子·讥惑篇》中记录了当时的服饰变化："丧乱以来，事物屡变，冠履衣服，袖袂裁制，日月改易，无复一定。乍长乍短，一广一狭，忽高忽卑，或粗或细，所饰无常，以同为快。其好事者，朝夕行效，所谓'京辇贵大眉，远方皆半额'也。"

北魏政权由北方少数民族鲜卑拓跋部所建，迁都洛阳后，孝文帝为了加强对中原地区的统治，全面推行了汉化政策，在服制方面率"群臣皆服汉魏衣冠"。通过"孝文改制"，坚决废止旧式胡服，使秦汉以来的冠服旧制得以保留，延续了中原服饰文化的发展。同时，中原人民的服饰也在原来基础上吸收了少数民族服饰的特点，一改以往宽大的传统服饰造型，将衣服裁制得更为紧身适体。而胡服，尤其是"裤褶"和"裲裆"成为人们的日常装束，不同性别和身份的人均以裤褶之服为美。

"裤褶"是由上褶和下裤组成的二部式服装。其中的"裤"不同于秦汉前的"胫衣"或"穷裤"，它源于西北少数民族的戎装，裤身合体，适于骑马，属赵武灵王引入的胡服之一。因其便利性，它很快就在中原地区流行开来。但大家认为其造型与上衣下裳的形制相距甚远，为了使其外观更接近于裙裳，于是出现了裤腿加肥的"大口裤"（图3-1）。但是大裤腿毕竟不便于行动，人们又用两条丝带分别缚于膝下，此类裤子被称为"缚裤"。据《宋书·隋书》记载：凡穿袴褶者多以锦缎丝带截为三尺一段，在袴管的膝盖之处紧紧系扎，以便行动。

与"裤"配套的上衣名"褶"，为交领、窄袖、合体、长不过膝的齐膝袍服（图3-2）。《急就篇》记载："褶谓衣之最在上者也，其形若袍，短身而广袖，一曰左衽之袍也。"因其源自少数民族服饰，故初为左衽，后改为右衽。"裤褶"这类吸收少数民族服装形制，并加以汉化的例子在中国古代服装史上屡见不鲜，从另一个侧面也说明了汉文化的宽容和博大。

"裲裆"是一种没有袖子的坎肩，或称背心，南方人谓之马甲，由少数民族戎装中的"裲裆甲"演变而来。刘熙的《释名·释衣服》曰："裲裆，其一当胸，其一当背，因以名之也。"裲裆的形式多为前后两片，衣长至腰，肩上和腋下以襻带联结，有的也可穿在里面，尺寸可大可小（图3-3）。早在汉代已有此服制和名称，最初是女性作为内衣穿着使用，魏晋后成为男女皆穿的外衣便服，冬季时为了御寒，还在其中填絮，制成夹衣穿着。

一个时代的服饰风貌与当时的政治、经济生活密切相关。魏晋南北朝时期正是在不同文化的多重碰撞与融合中，呈现了一个多元化发展的局面。

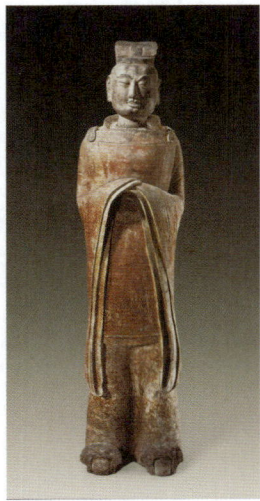

图3-1 着"裲裆"和 "大口裤"的陶俑（邯郸市磁县北朝墓出土）

图3-2 着"褶"和"缚裤"的陶俑 （邯郸市磁县北朝墓出土）

图3-3 着"裲裆甲"的陶 俑（河南偃师南蔡庄乡北魏 墓出土）

二、"褒衣博带"的魏晋风骨

魏晋之时，文化多元化特征突出，玄学、道教和佛教禅宗思想盛行。这对当时民众的世界观与价值观影响极大，尤其是在文人的生活方式及衣着上留下了深刻痕迹。受这些思想的影响，一大批文人士大夫在精神上极为追求自由解放，他们突破旧礼教，反对浮浅华丽的外表，注重自我内在精神。这种新观念深刻影响了全社会的审美标准，最终促成南北朝时期形成了"褒衣博带"的服装新风尚。

"褒衣博带"一词早在汉代就已出现。《汉书·隽不疑传》曰："不疑冠进贤冠，带具剑，佩环，褒衣博带，盛服至门上谒。"唐代颜师古注："褒，大裾也。言着褒大之衣、广博之带也。""褒衣"即宽襟或大袖之衣，衣料柔软轻薄的大袖衫特别受到南朝各阶层男子喜爱。衫的形制与袍相仿，交领对襟，但袖口宽敞无收口缘边，袖口有祛者为袍，无祛者为衫。《释名·释衣服》曰："衫，衣无袖端也。"指的就是袍与衫的区别。在这一时期衫的袖口日趋宽博，其宽度在我国历史中除宋代以外为最宽。"凡一袖之大，足断为两，一裙之长，可分为二"。而"博带"就是束腰的大带。因穿脱便捷，又能体现人的洒脱与娴雅，因此上自王公名仕，下及黎庶百姓，均以大袖翩翩、褒衣博带为尚。《晋书·五行志》中记载："晋末冠小而衣裳博大，风流相仿，舆台成俗。"在东晋顾恺之的作品《女史箴图》中，抬轿的舆夫身着的大袖衫细节清晰可辨（图3-4）。

图3-4　东晋顾恺之《女史箴图》局部

魏晋风度的盛行，反映了当时人们对儒学伦理的反叛心理，代表人物有著名的"竹林七贤"。"竹林七贤"是三国魏正始年间玄学的代表人物，为嵇康、阮籍、山涛、向秀、刘伶、王戎及阮咸七人。在出土的"竹林七贤"砖刻中，人物形象或宽衫大袖，或袒胸露腹，或披发赤足（图3-5），反映了当时部分文人对现实政治的不满，表现出对礼教束缚的蔑视，以及追求悠闲洒脱、及时行乐的处世态度。

图3-5　唐代孙位《高逸图》中的竹林七贤人物造型

三、女子服饰

魏晋南北朝时期，女性的审美标准由质朴趋于华丽，服饰风格也从自然转向雕琢，以飘逸、轻灵、华丽为主要特点。曹植在《洛神赋》中描写道："奇服旷世，骨像应图。披罗衣之璀粲兮，珥瑶碧之华琚。戴金翠之首饰，缀明珠以耀躯。践远游之文履，曳雾绡之轻裾。"这一时期代表性的女装样式是"杂裾垂髾服"（图3-6），其下摆裁成倒三角形，层层相叠，称为"垂髾"。并在围裳中缀以飘带，走路时拖地飘带如燕飞舞。"杂裾垂髾服"的整体形象呈现出天衣飞扬、乘风登仙的气韵，有"华带飞髾"之说。至南北朝时，其上不再装饰飘带，尖形燕尾加长后，两者合为一体。

其余魏晋女装多承旧制，有衫、袄、襦、裙之制，多用对襟，领、袖边缘都会饰以织锦。下身多穿条纹间色裙，腰间系丝带，衣裙外往往还穿一条围裳。受大袖衫影响，当时女性服装也以宽博为主、大袖衫为时尚。吴均在《与柳恽相赠答》中云："纤腰曳广袖，丰额画长蛾。"在顾恺之所绘《洛神赋图》中，洛神着宽裳、梳高髻，衣带飘飘，表现出了衣料的细腻柔软和魏晋时期特有的优雅飘逸之风（图3-7）。南北朝之后受少数民族服制的影响，中原女性服饰出现了"上俭下丰"的特征。《南苑还看人》中诗句"细腰宜窄衣，长钗巧挟鬓"咏的就是窄衣之美。

图3-6　东晋顾恺之《列女仁智图卷》局部

图3-7　东晋顾恺之《洛神赋图》局部

另外，帔子是当时女性服饰之一。《释名》云："披之肩背，不及下也。"这是一种形似围巾，披在颈肩部的衣物，较早出现于晋永嘉年间，流行于以后各朝，到隋唐时广为流传，主要是用于已婚女性。

四、女子发饰与妆饰

在发饰方面，魏晋南北朝时期女性的发髻名目繁多，如灵蛇髻、飞天髻、百花髻、芙蓉髻、凌云髻等。相传"灵蛇髻"是魏文帝皇后甄氏所创，因形似游蛇盘曲扭转而命名，晋代顾恺之所绘《洛神赋图》中的洛神正是梳此发髻。

这一时期女性对自己的鬓发也十分重视，"薄鬓"就是当时流行的妆饰，其样式是将两侧鬓发梳理成形如蝉翼的一薄片。梁朝江洪《咏歌姬》中"宝镊间珠花，分明靓妆点。薄鬓约微黄，轻红澹铅脸"就是对薄鬓的描写。我们可以从顾恺之所绘的《列女仁智图卷》看到这种妆饰（图3-8）。

图3-8　东晋顾恺之《列女仁智图卷》中的女性"薄鬓"造型

女性面部的妆饰在魏晋南北朝时期也很有特色。魏武帝曹操令宫人作长眉，谓之"仙蛾妆"；梁武帝令宫人作白妆，画青黛眉。同时，"额黄之妆"成为这一时期流行的妆饰习俗。所谓"额黄"，就是以黄色的颜料染画在额间。这种妆饰风俗的出现，似乎与佛教的流行有一定关系。南北朝时期，佛教在中国进入鼎盛时期，一些女性从鎏金的佛像上受到启发，也将自己的额头涂染成黄色。梁简文帝诗云"同安鬟里拔，异作额间黄"，北周庾信诗云"眉心浓黛直点，额间轻黄细安"都是指这种妆饰。

而"花黄"也是当时流行的一种妆饰，它是用黄色纸片或其他薄片剪成花样粘贴于额头。北朝《木兰辞》中"当窗理云鬓，对镜贴花黄"，描写的正是当时这一妆饰。另外还有"花钿"，也叫"花子"，可以贴在额头、脸颊等处。相传南朝宋武帝的女儿寿阳公主在正月初七的那天，仰卧于含章殿下，殿前种植着一片蜡梅，微风袭来，吹落的一朵梅花正好落在公主额上并染下花瓣之状，怎样洗也拂拭不掉。宫廷中的其他女子觉其新异，竞相效仿，因而形成一种风习。

第四章　隋唐五代服饰

一、隋唐五代服饰概述

公元581年隋文帝杨坚代周建隋，后南征灭陈，统一了南北朝，结束东晋以来的分裂割据局面。隋代虽然统治时间不长，但无论是在政治、经济还是文化上，都为唐代奠定了坚实基础。服饰制度方面，隋文帝以《周礼》的礼服制度为依据，推出一系列举措恢复古制，规定以色分品、按照等级穿衣等。

唐代（公元618～907年）是中国封建社会的一个重要发展阶段，中国文化进入了一个气度恢宏、史诗般壮丽的时期。英国学者威尔斯在《世界简史》中说："当西方人的心灵为神学所缠迷而处于蒙昧黑暗之中，中国人的思想却是开放的、兼收并蓄而好探求的。"在盛唐时安定的政治局面、社会经济和文化的全面发展，都为服饰制度的改革和发展提供了有利条件。整体上看，唐代服饰体现出"上承历史冠服制之源头，下启后世冠服制之径道"的特点。同时，由于唐文化兼容并蓄了外域文化，因而在服饰方面也具有融合外域服饰的特点，形成了鲜明生动的唐代服饰风格。

安史之乱后中国又进入五代十国的割据和混战局面，服饰上基本沿袭唐制，但逐渐趋于简练、实用和保守。随着全国经济重心南移，南唐、西蜀、吴越等国的衣饰整体上比北方考究得多。

二、唐代男子服饰

1. 袍衫

唐代男子常服主要包括软脚幞头、圆领袍衫、銙带、宽口裤、软靴（乌皮靴）（图4-1）。

圆领袍衫是隋唐时期男子的主要服饰，上至帝王，下至百官均可穿着，用途极为广泛。袍衫为上衣下裳连属的服装形式，既保留了汉族服饰的传统，与深衣有相近之处，又有胡服的痕迹。

袍衫的式样在各个时期有所不同。早期多为宽广大袖，臂肘处为圆弧形，名为"袂"。衣袖顶端则有明显的收敛，并多缘以袖口，名为"祛"。此袖型虽造型美观，但不保暖，后期受胡服影响改为窄袖。

襕袍是唐代圆领袍衫中的款式之一，其在膝盖处加一横襕，以示上衣下裳的旧制。阎立本所绘的《步辇图》中可见除吐蕃使者外，包括唐太宗在内的所有汉族官吏都着不同颜色的襕袍（图4-2）。该种襕袍一直延续到宋代，仍被当作士人之上服。

图4-1　唐代男子常服造型
（钱选绘《杨贵妃上马图》）

图4-2　唐代男子襕袍
（阎立本绘《步辇图》）

2. 幞头

幞头是隋唐男子的主要首服。幞头历经上千年的变迁，于东汉形成，至魏晋普及，隋唐时极盛。

隋初时幞头袭北周之制，为一块黑色罗帕用于向后束发。隋末始，幞头之下加入了衬托的框架，称为巾子。巾子由竹篾、藤皮等材料编织或以丝葛类植物浸漆压模而成，其造型也经历了几次较大变化。初唐时巾子较低，顶部呈扁平状，后逐渐增高，中部呈明显的凹势（图4-3）。中唐后，巾子更高且前倾，左右分瓣，呈圆球状，称"英王踣样"巾子（图4-4）。

图4-3　唐代男子幞头
（顾闳中绘《韩熙载夜宴图》）

图4-4　唐代男子"英王踣样"幞头
（陕西历史博物馆藏三彩男装女立俑）

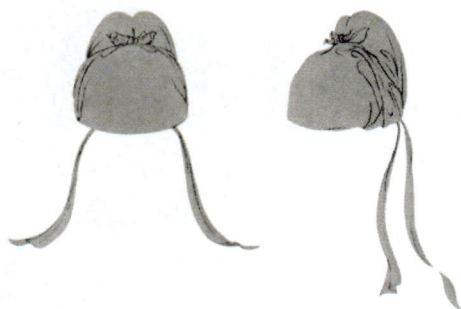

图4-5 唐代男子"软脚幞头"

图4-6 唐代男子"硬脚幞头"
（王树榖绘《杜甫采药图》）

图4-7 头戴幞头的侍女（西安苏思勖墓室
壁画）

幞头两脚的造型在不同时期也各不相同。一类是用柔软的纱罗制成的"软脚幞头"，它形似两条布带垂于脑后，长度至颈或过肩，也有将两脚朝上翻折后插入脑后的结内（图4-5）。中唐至五代时期出现了"硬脚幞头"，其两脚中间纳以丝弦之骨，造型微微上翘，并向两侧展开（图4-6）。晚唐时巾子后仰，巾顶分瓣也不明显，称为"朝天幞头"。总体来讲，幞头主要是男子的首服，不过从历史资料中也能看到女性戴幞头的情况（图4-7）。

唐末政治上动乱、生活不安定，人们想出更为简便的穿戴方法。此时幞头已经超出了巾帕的范畴，成为一种帽。

3. 唐代品官服饰

唐代是我国封建社会中加强中央集权的重要时期，唐代的官僚体系在隋代基础上得以进一步健全和发展，服饰制度也是如此。唐初服制承袭隋制，至高祖武德四年（621年）颁布了正式的品官服制。官服是唐代服饰中的重要组成部分，甚至在一定程度上对社会主流服装产生导向或支配作用。

详细而完备的品官服制使服装的符号性更为鲜明。在唐时形成以服装的颜色来区分百官官职与等级的制度。具体来看，武官三品以上服紫色，四品服深绯色，五品服浅绯色，六品服深绿色，七品服浅绿色，八品服深青色，九品服浅青色（图4-8）。隋唐时黄色成了皇权的象征，除天子可服黄袍（图4-9），他人服则视为犯罪，这种色彩的特权一直延续到清朝灭亡。

图4-8　唐代官员像（陕西懿德墓壁画局部）　　　图4-9　唐太宗立像

　　唐代品官服制中标识着官员级别、地位的各种饰物和制度名目繁多，腰带就是其一。根据当时规定，唐代官员要按照不同的品位系上不同的銙带。所谓"銙"，就是用金、玉、犀、银、铜、铁等材料镶于腰带上的方形饰物。"銙"的制作通常十分精美，工匠们在其上镂刻了各式精巧的花纹，许多都是难得的工艺珍品（图4-10）。"銙"的材料越好、数量越多，其佩戴者的官位也越高。例如，四品官员腰带上的"銙"只能用十一个，三品官员可以用十三个等。

图4-10　唐代金镶珠玉带銙（陕西省西安市长安区王村窦曒墓出土）

唐代官员另一种有特色的饰物就是挂在腰间的鱼袋。初唐时，为防止出现诈伪之事，官员们上朝面君或出入宫廷，必须交验鱼符。鱼符为鱼形，分为两片，约三寸，其质为玉、金、银、铜，上面写着持有者的姓名及身份（图4-11）。左向之鱼上朝，右向之鱼随身携带，装在鱼袋子里，挂在腰间。鱼袋用不同颜色装饰，三品以上的官员佩带饰金鱼袋，四至五品则佩带饰银鱼袋。鱼袋最初只颁发给五品以上的官员，官员去职或病故则须收回，后来则成为一种荣誉的奖赏。

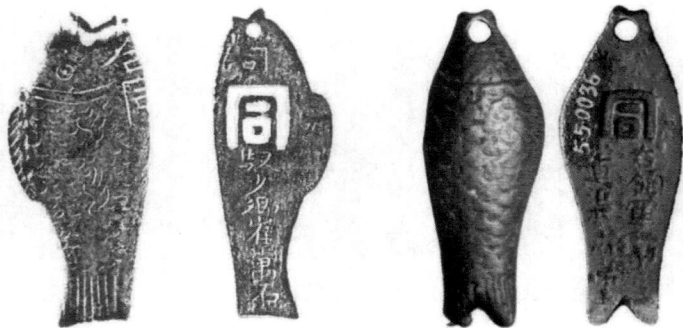

图4-11　唐代官员鱼符及拓印

三、唐代女子服饰

唐代女性服饰款式多样，从造型、色彩、面料和装饰风格等方面都有很大的发展。衫襦长裙、胡服装扮和女着男装等造型构成了唐代女服的典型特征。

1. 襦裙

唐代女性日常着装大多为上身着襦、袄、衫，下身着长裙。襦乃"袍式之短者"，襦字源自侏儒之儒，意在短小，它是中国古时男女皆可穿着的一种短衣。襦属上衣下裳形制中的上衣部分，女性主要下身配裙。这种襦裙的配穿形式在汉魏时期已较为常见，到了隋唐时代更是达到鼎盛。

唐代女子喜欢上穿短襦，下着长裙，上襦很短，且衣身和袖子都较狭窄，这是唐代女服的一个显著特点（图4-12）。由于受到外来服装的影响，除交领以外还出现方领、圆领、翻领等造型。盛唐时还有一款袒领，初多为宫廷嫔妃、歌舞伎者所穿，后来逐渐被仕宦贵族喜爱并推广。襦的领口、袖口等部位还常常被当作纹饰的重点，镶拼绫锦、加施金彩纹绘或刺绣，使服装风格更加华美富丽。正如晚唐诗人温庭筠在《菩萨蛮》中所描写的："新帖绣罗襦，双双金鹧鸪。"

长裙穿着时裙腰系得很高，一般在腰部以上，有时甚至在腋下，形成"高腰掩乳"的独特风格（图4-13）。裙多为丝织品，通常以六幅布帛拼制而成，造型宽博且裙裾曳地。长裙裙色以红、紫、黄、绿为多，其中红裙最为流行，也称石榴裙（图4-14）。唐诗中多咏石榴裙，如张谓的《赠赵使君美人》中"红粉青娥映楚云，桃花马上石榴裙"。

图4-12　着短襦的唐代女子（顾闳中绘《韩熙载夜宴图》）

图4-13　着短襦和高腰长裙的唐代女子（张萱绘《捣练图》）

图4-14　着石榴裙的唐代舞女（吐鲁番张礼臣墓出土绢画）

2. 半臂和披帛

半臂和披帛是唐代女性襦裙装中的重要组成部分。半臂由短襦演变而来，最早可追溯至汉代。其造型为对襟、短袖，衣长及腰，衫前结带，也有少数采用套衫式。半臂多穿在衫襦之外，或束在裙腰内（图4-15）。制作半臂的材料通常为织锦，因其质地较为厚实，可御寒。

披帛是唐代女性的重要衣饰，又名"帔子"，是一种由纱罗裁成的宽幅长巾（图4-16），可披挂双肩，也可绕于手臂。

图4-15　着半臂的唐三彩女俑（日本东京国立博物馆藏）

图4-16　着披帛的唐代女子（周昉《簪花仕女图》）

3. 胡服

胡服的"胡"并不专指某一个民族，而是包括波斯、突厥、回鹘等西域及北方游牧民族的通称。胡服在广大女性中形成一种风尚，主要出现于唐代贞观年间。当时上自宫廷贵族，下至平民百姓，胡服、胡妆、胡乐、胡舞无不流行。

唐代女式胡服上衣为翻领或圆领、对襟长袍、窄袖，在领、袖、下摆处以锦饰缘，下身搭配小口裤和软靴，腰佩"蹀躞带"（图4-17）。腰带上垂下的皮条，用以悬挂算袋、刀、砺石、契苾真、哕厥、针筒、火石袋七件物品，俗称"蹀躞七事"，后成为一种装饰。

唐代女子穿胡服的形象可见于诸多史料中，如唐人绘《纨扇仕女图》《宫乐图》等（图4-18）。盛唐后，胡服的影响力逐渐减弱，"安史之乱"更使得国民对胡人产生抵触心理，从而对胡文化采取了排斥态度，传统汉族服饰又重新流行。

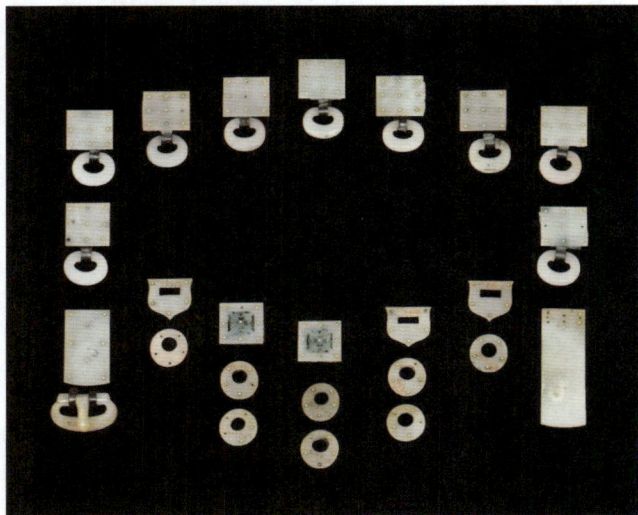

图4-17　唐代九环白玉蹀躞带（陕西历史博物馆藏）

图4-18　着胡服的唐代女立俑
（长沙博物馆藏）

四、唐代妆饰

1. 发髻

唐代女子发型主要分为髻、鬟、鬓三类。其中髻是一种实心的发式。隋代女性发髻大多作平顶式，梳理时将头发分作二至三层，层层堆上，形如帽。初唐时仍梳这种发式，只是顶部有上耸趋势，大多呈朵云形。其后，发髻渐高，形式日趋丰富。开元年间，流行双环望仙髻、回鹘髻；天宝以后，胡帽渐废，贵妇之中流行假髻，普通女性则梳两鬓抱面、一髻抛出的"抛家髻"；至晚唐五代，发髻再次增高，上面并插有花朵（图4-19）。

除此之外，唐代还有倭堕髻、高髻、低髻、风髻、小髻、螺髻、反绾髻、乐游髻、愁来髻、百合髻、归顺髻、盘桓髻、惊鹄髻、长乐髻、义髻、飞髻、双环望仙髻、乌蛮髻、同心髻、交心髻、侧髻、囚髻、椎髻、闹扫妆髻、偏髻、花髻、拨丛髻、丛梳百叶髻、云髻、双螺髻、宝髻、飞髻等各种垂髻，可谓千变万化。

出于美观，女性往往还会在发髻上插饰梳、篦、簪、钗、步摇、翠翘、珠翠、金银宝钿、搔头等物（图4-20）。

图4-19　唐代女子发髻
（周昉《簪花仕女图》）

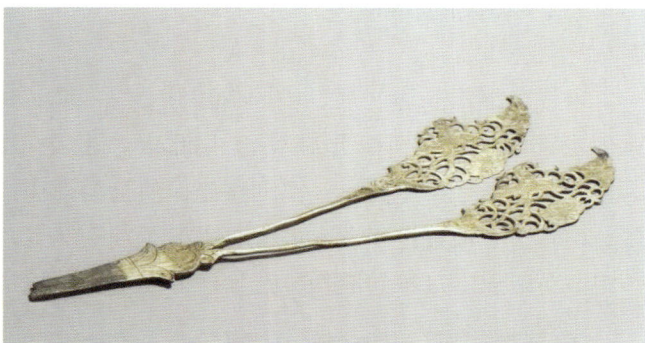

图4-20　唐代女子鎏金云雀纹银簪（长沙博物馆藏）

2. 花钿

花钿是唐代女性额眉间的一种妆饰，又称花子、贴面。其式样丰富多彩，有圆点、桃形、梅花形、宝相花形、月形、圆形、三角形等，多达三十种。颜色以红色居多，也有黄、绿等色，唐后期尤其盛行。有的直接是用颜料画在脸上，也有用金箔片、黑光纸、鱼鳃骨、螺钿壳以及云母片等材料先制成花样，再粘贴于眉目之间（图4-21）。

3. 面靥

面靥是施于面颊酒窝处的一种妆饰，也称妆靥。面靥通常以胭脂点染，也有用金箔、翠羽等物粘贴。在盛唐以前，女子面靥一般多做成黄豆般大小的圆点。盛唐之后有的形如钱币，被称为"钱点"；有的妆如杏核，被称为"杏靥"；也有的妆呈花卉状，俗谓"花靥"（图4-22）。

图4-21　唐代女子花钿（新疆阿斯塔那墓绢画）

图4-22　唐代女子花靥（莫高窟《都督夫人太原王氏供养画》）

第五章　宋代服饰

一、宋代服饰概述

宋代是继汉、唐之后，中国封建社会又一重要的历史时期。960年，宋太祖赵匡胤定都汴京（今河南开封），史称北宋。北宋在结束了五代十国的混战局面后，为恢复与发展生产施行了一系列措施，使社会商业经济、农业和手工业得以空前发展，出现了一段盛世（图5-1）。但北宋最终在与辽、金、西夏等少数民族政权的战争中节节败退。1127年赵构称帝，迁都临安（今浙江杭州），史称南宋。

图5-1　北宋都城汴京的城市面貌（北宋张择端绘《清明上河图》）

宋初的官制、军制基本承袭唐代，衣冠服饰也沿用晚唐和五代时期的遗制，之后经历改定达27次之多。如建隆二年（961年），宋太祖重新颁布了服制；景祐、康定年间，宋仁宗再次对服制进行了修订，对冕冠的尺寸、质料、颜色及衮服的纹章等进行了新规定，对百官的朝服制度也做了调整；宋神宗元丰年间，确定郊祀冕服及诸臣服制。

宋代是中国古代学术思想发展的一个巅峰，这一时期理学被统治阶级上升为官方的主导思想。理学是融合佛、儒、道三教三位一体的思想体系，是中国封建社会后期最为精致、完备的理论体系，它把封建礼教的伦理纲常奉为至高之理。理学中"存天理，去人欲"的思想对当时人们生活的方方面面都影响至深，特别是对女性的约束达到了顶点。在这样的社会环境下，宋代衣冠服饰整体上趋于拘谨和保守，样式质朴、简洁。宋代各帝三令五申主张服饰不宜过分华丽，"务从简朴""不得奢僭"，如宋真宗严禁百姓穿绢金织物和织缬花品等高档衣料，宋高宗严禁女性戴金翠首饰等。同时，宋代是封建士大夫文化高度发达的时期，这一社会阶层崇尚自然，审美品位趋于平和淡雅，也推动宋代服装风格趋于纤巧、朴素和典雅（图5-2）。

图5-2　宋代整体朴素的服装风格（北宋赵佶绘《听琴图》）

二、宋代男子服饰

1. 祭服

宋代的祭服有大裘冕、衮冕、鷩冕、毳冕、缔冕和玄冕，其款式基本沿袭了汉唐之制。在不同场合和活动中，各类人等各司其服，如大裘冕为六冕之首，是帝王祭祀天地之礼服，而缔冕为祭社稷飨先农之服（图5-3）。

2. 朝服

宋代的朝服样式同样承袭汉唐，而"方心曲领"是其显著特征。"方心曲领"源于唐代而盛于宋代，造型为上圆下方，形似锁片，由白罗制成，佩戴在颈间起压贴和装饰作用，同时意在附会"天圆地方"的观念（图5-4）。

3. 常服

官员的常服也称公服，其造型也源于前朝。皂罗衫是士大夫的常服，一般与幞头、革带、乌皮靴搭配穿着（图5-5）。常服三品以上用紫色，五品以上用朱色，七品以上用绿色，九品以上用青色。元丰年间改为四品以上紫色，六品以上绯色，九品以上绿色。而黄色依然是皇帝的专属色。

图5-3　祭服形象
（元代壁画《朝元图》）

图5-4　方心曲领

图5-5　身着公服的宋太宗

4. 襕衫

据《宋史·舆服志》记载，襕衫为圆领、大襟，前裾有一道横襕，腰间有襞积，多用白色细麻布制成。

5. 凉衫

凉衫也称白衫，造型同紫衫，白色、衣形宽大。凉衫先是官庶便服，后演变成为丧服，其他场合不准穿用。

6. 紫衫

紫衫，其制为圆领，窄袖，前后缺胯，形如裤褶，色为深紫。紫衫本为军校戎服，由于穿着简便，后成为官员便服。

7. 短褐

短褐是劳动人民所穿着的一种麻布质粗的短上衣，衣身紧窄、袖小。

8.首服

隋唐时期的幞头，发展至宋代已成为男子的主要首服，上至帝王百官，下至庶民百姓，除祭祀和隆重朝典之外，一般都可戴。宋时幞头的特点主要体现在以下两方面：

首先，它已完全脱离巾帕形式而成为一种帽，其内部用藤葛或草等材料编织成形，外部再蒙纱罗并涂以厚漆，故又称"漆纱幞头"。因漆纱本身已足够坚硬，之后就移除了藤里。

其次，幞头的展角演变成为硬翅，其中以铁丝做骨架，长度加长并演化出诸多款式（图5-6）。据《梦溪笔谈》记载，宋代幞头分直脚、曲脚、交脚、朝天、顺风五类。另据历史资料，官宦多用直脚，而仆人、公差或乐人多用交脚或曲脚。初期直脚幞头两脚左右平展不是很长，中期以后幞头两脚开始加长，一般在一尺开外。据传这样的设计是为了防止群臣们在朝议时窃窃私语。此外，还有软脚幞头、无脚幞头等。

宋时幞头因成为文武百官的规定服饰，文人雅士又重新以裹巾为雅。相传苏东坡所戴的巾"桶高檐短"，给人以端庄肃穆之感，时人称其为"东坡巾"，并纷纷效仿（图5-7）。此外还有程子巾、山谷巾、高士巾、逍遥巾等，名目繁多。至南宋，戴巾更为普及，连朝廷高官也以裹巾为尚（图5-8）。

图5-6　头戴直脚幞头的宋仁宗

图5-7　头戴东坡巾的北宋理学家程颐

图5-8　冠外加巾的宋代士人

三、宋代女子服饰

宋代女性的日常服装以衫袄、短襦、褙子、长裙、袍褂等为主。

1.衫

衫为单层，以丝罗质地为主，主要在夏天穿着，"窄罗衫子薄罗裙""轻衫罩体香罗碧"咏的就是这类服装（图5-9）。袄的腰袖宽松，一般为夹层，内有棉絮或衬里。

2. 襦

襦是一种比袄短的上衣，最初作为内衣穿用，后因其式样紧小便于劳作，为下层社会女性广泛穿着。而上层社会女性一般把它作为内衣。宋代袄襦的样式与前代相比，腰身和袖口都比较宽松，颜色上以质朴、清秀为雅。

3. 褙子

褙子是宋代的代表性服饰，颜色淡雅，款式简洁，男女皆穿，尤其是宋代女子最具时代特色的服饰种类。褙子造型以直领对襟为多，无扣，两侧开有至腋下的高衩，饰有缘边，衣袖有宽窄之分，衣裾短者及腰，长者过膝。穿着褙子后女性所呈现出来的细小瘦弱、弱不禁风之感正好迎合了当时社会的审美标准（图5-10、图5-11）。

图5-9 着衫的宋代女子（国家博物馆藏《北宋砖雕厨娘图》拓影）

图5-10 着褙子的宋代女子（刘宗古绘《瑶台步月图》）

图5-11 着褙子的宋代女子（佚名绘《歌乐图》）

4. 内衣

宋时女子内衣有抹胸与裹肚。抹胸类似今天的文胸，但"较长而宽带"；裹肚则类似儿童的肚兜，"上下有带，包裹其腹"。《格致镜原·引胡侍墅谈》曰："粉红抹胸，真红罗裹肚"描写的就是颜色鲜艳的内衣。

5. 女裙

宋代女裙时常出现在宋人的诗词中，如"双蝶绣罗裙""珠裙褶褶轻垂地"等。它基本保留了晚唐五代的遗风，裙式修长，腰间系绸带，并配有绶环垂下，以罗纱为主，且有刺绣或绡金。裙幅有六幅、八幅以至于十二幅，且多褶裥，尤以舞裙施裥更多。当时时兴的"千褶""百迭"皆为细裥女裙（图5-12）。裙色丰富，有青、碧、绿、蓝、白及杏黄等色，"淡黄衫子郁金裙""碧染罗裙湘水浅"等诗句都是对裙色的描写。当时还有一款"旋裙"较有特色，为便于乘骑，其裙身前后开衩，后发展成前后相掩、以带束之的拖地长裙，又称"赶上裙"。

6. 女裤

宋代女裤有两种：一种是穿在裙之内的无裆裤，大多长至足面；另一种是直接穿在外面的合裆裤。劳动妇女平日多穿合裆裤，裤较短，方便行动和劳作（图5-13）。

7. 霞帔

霞帔是贵妇礼服的重要组成部分，服制规定霞帔"非恩赐不得服"，是贵族女性身份的标志。宋孝宗乾道七年（1171年）规定，后妃穿着大袖必须搭配长裙与霞帔（图5-14）。具体来看，霞帔用厚实的布帛制作而成，其造型多为双层，上宽下窄，其上刺绣有云凤图案，霞帔最下端缝缀一圆形牌饰品，名为帔坠。

图5-12　宋代石刻中着细裥裙的女子（国家博物馆藏）

图5-13　宋代女子无裆裤（福建南宋黄昇墓出土）

图5-14　宋代霞帔（台北故宫博物院藏《宋宣祖后坐像》）

8. 鞋

宋时因缠足之风盛行，女性多穿鞋。当时的鞋多用锦缎制作，上绣各式图案，以红色为流行，有绣鞋、锦鞋、缎鞋、凤鞋、金缕鞋等。不缠足的女性穿的鞋子为圆头、平头、翘头等式，也饰有花鸟图纹（图5-15）。宫中女子或歌舞女子所穿靴的靴头呈凤嘴状。

图5-15　宋代翘头绣花女鞋（浙江兰溪南宋墓出土）

四、宋代女子首服及发式

宋代女性以高髻为尚，时称"特髻冠子"或"假髻"。此时梳髻大多掺有假发，有的直接用假发编成各种形状套在头上，常见的有朝天髻、同心髻、芭蕉髻、龙蕊髻、双鬟髻等（图5-16）。髻上通常饰以用金银珠翠制成的各种花鸟凤蝶形状的簪钗梳篦，其制繁简不一。当时发髻上最有特点的装饰是冠梳（图5-17），其始于宋初，先流传于宫中，后普及民间。

图5-16　梳高髻的宋代女子
（大足石刻）

图5-17　宋代花鸟婴戏纹金发梳（观复博物馆藏）

图5-18　头戴"一年景"花冠的宫女
（《宋仁宗皇后坐像》）

此外，宋代女性还有插戴花冠的习俗。花冠初见于唐代，宋因袭不改，且范围更加广泛，不仅女子喜戴，男子也有戴。周密《武林旧事》记："皇帝群臣正月元日祝寿册宝，上下一律簪花。"后妃们多用珠宝嵌成珠冠，所用珍珠常达上千颗，而平民则常用鲜花和假花编的花冠来装饰。宋代花冠以花多取胜，常见的有桃花、杏花、荷花、菊花、梅花等，假花则用罗绢、通草、玳瑁等材料制成。有些还把各种花朵按一年不同时令簇集到一起，组成各种节气景致的装饰形式，称为"一年景"（图5-18）。

盖头为女性出门时所戴，方尺五，以皂罗制成。盖头除外出遮颜、挡风尘外，还可用于女子成婚之日蒙住头面。新婚仪式中，由男方派人轻轻揭开盖头，新娘方可露出面容，这一风俗延续到明清仍十分流行。

第六章　辽金元服饰

一、辽金元服饰概述

五代十国后，辽、金和元与南北两宋并存。辽以契丹族为主，金以女真族为主，而元则以蒙古族为主，他们居住在中国北部地区，生活习惯、衣冠服饰等和汉族截然不同。这些以少数民族为主体的政权建立后，沿袭了汉制的部分内容，更多则凸显出了其少数民族的特色。

契丹族在立国前，长居于辽河流域，过着游牧和渔猎生活。辽太祖在北方称帝时，衣冠服制均未具备。直到灭了后晋，才开始在汉族冠服制度的基础上创立自己的服饰制度，并以辽制治契丹人、以汉制待汉人。

金隶属于辽二百余年。1115年，完颜阿骨打称帝，定国号为金。金的服饰初承辽代之仪，得宋半壁江山后，参酌宋制进行修改。据《金史·熙宗本纪》载，天眷二年（1139年），百官朝会始穿朝服，翌年制定冠服之制，上自皇帝冕服、朝服和皇后冠服，下及臣僚朝服、常服等一一定明。大定年间，又补充了公服之制及庶民服制。至此，金代服制基本确立。

1260年，成吉思汗之孙忽必烈即位，成为蒙古大汗。1271年迁都燕京（今北京）后，忽必烈定国号为元，并于1279年统一中国。元初立国，冠服车舆皆从旧俗。据《元史·舆服志》记载，世祖统一天下，近取金、宋，远法汉、唐，尚未有完整的冠服制度。至英宗时始定服制，上自天子冕服，下至百官祭服、朝服以及士庶服色，皆有一定的章法。这套服制既保留了蒙古族的服饰特点，又较大程度融合了汉族传统服饰。

二、辽代服饰

据史料记载，辽代帝王服饰分国服与汉服。所谓国服即契丹本族的服饰，而汉服则为五代后晋朝的服饰。官服也依据南北分为了国服与汉服。南官以汉制治汉人，穿汉服；北官以契丹制治契丹人，穿契丹服。另外规定凡官职三品以上，在行大礼时一律用汉服等。

辽代服装以长袍为主，且男女皆然，上下基本同制。男子长袍一般为左衽、圆领、窄袖、及膝，袍上有纽襻，袍带系于胸前。男性在袍内衬衫袄，下身穿套裤、长筒皮靴，裤管塞于靴筒之内（图6-1）。而女子长袍一般为左衽、交领、窄袖、长及足背，袍内穿裙，足穿皮靴。

普通民众的长袍纹样较为朴素，而贵族长袍则常绣有龙凤、桃花、水鸟、蝴蝶等，比较精致。龙凤本为汉族的传统纹样，出现在契丹服饰上，反映了两族文化的相互影响。袍料大多选用兽皮，如貂、羊、狐等，其中以银貂裘衣最为尊贵，为辽代贵族所服用（图6-2）。

图6-1　契丹族男子着装（普林斯顿博物馆藏辽代墓葬棺木绘画）

图6-2　契丹贵族着装
（赤峰市宝山二号辽代墓葬《贵妇颂经图》壁画）

图6-3　契丹族男子发型
（普林斯顿博物馆藏辽代墓葬棺木绘画）

辽代除皇帝和大臣戴冠帽和裹巾，同时契丹男子崇尚髡发。许慎《说文·髟部》中写道："髡，鬀发也。"髡发实指保留一部分头发，剪去一部分头发。在古代中国的乌桓、鲜卑等少数民族，都有髡发的习俗。契丹男子将头顶的头发全部剃光，只在两鬓或前额位置留下少量头发。有的在耳朵两侧留一撮垂发，并与前额短发连成一片，或将两侧头发修剪成各式形状，下垂至肩（图6-3）。而契丹族女子少时髡发，出嫁前留发，婚后梳髻或披发，额间以巾带扎裹。

三、金代服饰

最初，金代服饰主要效仿辽代，同时也保留了女真族服饰的特点。百官常服，用盘领、窄袖，常在胸膺间或肩袖之处饰以金绣（图6-4）。女真族人较喜欢在前胸和后背绣上各种与季节相对应的纹样。《金史·舆服志》记载："其胸臆肩袖，或饰以金绣，其从春水之服则多鹘捕鹅，杂花卉之饰，其从秋山之服则以熊鹿山林为文，其长中骭，取便于骑也。"

男子常服通常由四部分组成，即头裹皂罗巾，身穿盘领衣，腰系吐鹘带，脚蹬乌皮靴（图6-5）。女子上着团花衫，直领、左衽；下穿黑色或紫色裙，裙上绣金枝花纹。也有穿褙子的，多为对襟领，前襟长至地，上绣金、银线或红线的百花。

由于处于北方寒冷地区，金代服装多为皮制，也有使用布帛的。《大金国志》中写道："至于衣服，尚如旧俗，土产无蚕桑惟多织布，

图6-4　金代紫地云鹤金锦棉袍
（出土自黑龙江齐国王墓）

图6-5　女真族男子着装（胡瓖绘《卓歇图》卷）

贵贱以布之粗细为别。又以化处不毛之地，非皮不可御寒，所以无贫富皆服之。富人春夏多以纻丝、棉衲为衫裳，亦间用细皮、布。秋冬以貂鼠、青鼠、狐貉或羔皮，或作纻丝绸绢。贫者春秋并衣衫裳，秋冬亦衣牛、马、猪、羊、猫、犬、鱼、蛇之皮，或獐、鹿、麋皮为衫。裤袜皆以皮。"

金代服饰的另一个特色就是喜用白色。因为金人是以狩猎为生的游牧民族，且主要生活在东北，冬季冰天雪地，在野外打猎时穿着白色的服装能起到较好的掩护和隐蔽效果。《金史·舆服志》载："其衣色多白，三品为皂，窄袖、盘领、缝腋，下为襞积，而不缺袴。"

四、元代服饰

在经济文化发展上较为落后的蒙古族，其衣着较为质朴。入主中原后，蒙古族人在生活习俗上受到了汉文化的较大影响，服饰方面逐渐趋于华丽。

建都初期，元朝社会较为动荡，纺织业和手工业的发展都比较缓慢，其冠服车舆之制承袭旧俗。到1321年元英宗时才参照古制，制定了章服制度。天子、百官和庶民百姓各服其服，上下等级有序。

1. 质孙衣

质孙衣是元代最贵重的礼服，本为戎服，便于乘骑，后用于内宫大宴等重大庆典中穿着。质孙在蒙古语中是一色的意思，质孙服最大的特点是冠帽、衣服、履均为一色。其形制为上衣下裳相连，衣身紧窄且下裳较短，腰部有细密的襞积，肩背间贯以大珠。

质孙衣在元代作为礼服上至天子下及百官都可穿着，在元代的陶俑及历代画作中都可以见其形象（图6-6）。《元史·舆服制》称："质孙，汉言一色服也，内廷大宴则服之。冬夏之服不同，然无定制。凡勋戚大臣近侍，赐则服之，下至于乐工卫士，皆有其服。精粗之制，上下之别，虽不同，总谓之质孙云。"

图6-6　元代质孙衣

2. 辫线袄

辫线袄又称腰线袄子，最初产生于金代，真正的大规模流行则是在元代。《元史》卷七十八《舆服志·冕服》中记载："仪卫服饰……辫线袄，制如窄袖衫，腰作辫线细褶。"它的具体款式为：右衽交领、窄袖、腰间用绢帛拈成的辫线横向缝纳、钉绣成重重细褶，或钉以成排纽扣，下长过膝，下摆宽大，有时还在其上折成密裥。辫线的制作过程细致复杂，其中一种是将绉纱裁成细条，固定一端后加捻搓紧，边搓边固定，形成一条细密紧致并有着一定造型针脚相错的辫线。辫线的多少依衣服而变化（图6-7）。

辫线袄紧身、轻便，极具游牧民族的特征，且不分尊卑，是元代蒙古男子喜欢的服装样式。它所使用的面料多采用织金锦等，腰间类似宽腰带的设计既有装饰功能，又可以帮助人们在穿着时紧束腰部，便于骑射。辫线袄一直沿袭到明代，被称为"曳撒"，成为上层官吏的服饰。

3. 旋袄

元代陶宗仪编著的《说郛》卷十九
中收录了宋代曾三异的《同话录》，其
中记载："近岁衣制有一种如旋袄，长
不过腰，两袖仅能掩肘，以最厚之帛为
之，仍用夹里或其中用绵者，以紫或皂
缘之，名曰貉袖。闻之起于御马院圉
人，短前后襟者，坐鞍上不妨脱，著短
袖者，以其便于控驭耳。古人所谓狐貉
之厚，以居褒裘，长短右袂制，皆不如
此。今以所谓貉袖者，袭于衣上，男女
皆然。三代衣冠乱常，至于伏诛，今士大夫服此而不知怪。"

图6-7 元代辫线袄

周锡保在《中国古代服饰史》中提到："便于骑马，袖在肘间而长短只到腰间，
则所说的旋袄与貉袖应是同式而异名。"可见，旋袄即貉袖。宋代周密在《武林旧
事》中描写南宋时期杭州元宵节的文字中道："元夕张灯……妇人皆带珠翠、闹蛾、
玉梅、雪柳、菩提叶灯球，锁金合蝉，貉袖项帕，而衣多尚白，盖月下所宜也。"
从中我们可以看到貉袖（旋袄）是宋代汉人普遍穿着的服装样式之一。《逸周书·职
方解》孔注有："貉，夷之别。"因此，可以推论貉袖最初源自胡服（图6-8）。

总体来看，旋袄的主要特征有：衣长及腰，袖长及肘，对襟，门襟等处饰以缘
边，用料较厚，一般为秋冬季罩在衣服外穿着，男女皆可服用，主要出现于宋元
时期。

图6-8 于五代或宋代入关后身着旋袄的回鹘族官员

4. 姑姑冠

在蒙古人的首服中，以姑姑冠最有特色，是蒙古族妇女的专用首服。姑姑又称故姑、固姑、顾姑、鹧鸪等名，均为译音。《黑鞑事略》载："姑姑之制，画木为骨，包以红绢金帛。顶之上，用四、五尺长柳条或银枝，包以青毡，其向上人，则用我朝翠花或五彩帛饰之，令其飞动，以下人，则用野鸡毛。"据史料介绍，姑姑冠呈上宽下窄的圆筒状，其高度说法不一，大约以高二尺许为准，加顶上羽毛可能在三尺以上（图6-9）。

图6-9　戴姑姑冠的元帝后（台北故宫博物院藏《元帝后纳罕》）

第七章　明代服饰

一、明代服饰概述

公元1368年朱元璋建立明王朝。明初，为了在政治上加强中央集权专制，明代政府采取了一系列改革措施，包括恢复汉族礼仪，修改冠服制度，禁胡服和胡语等。同时，通过休养生息、移民屯田等一系列政策，明代的农业生产很快得到恢复，包括传统织绣技艺在内的手工业也逐渐蓬勃发展起来。明代中叶以后，在商品经济繁荣的江南一带，出现了资本主义生产关系的萌芽，杭州、苏州等地成为全国纺织中心。这些地区手工工场的大量涌现使得生产力得到极大提升、产品种类日趋多样化。这些都为明代大规模地改革冠服制度奠定了坚实的经济基础和物质基础。

明代对整顿和恢复传统的汉族礼仪十分重视。明初废弃了元代服制，明太祖下诏："衣冠悉如唐代形制。"洪武元年（1368年），学士陶安等人提议根据传统服制重新制定皇帝礼服。洪武三年（1370年）冠服制度初步形成，主要有皇帝冕服、常服；后妃礼服、常服；文武官员朝服、常服及士庶巾服。洪武二十六年（1393年）又对冠服制度做了一次大规模调整，明代许多服饰都在这次调整中定型，同时也制定了许多有关服饰的禁令。万历之后，由于禁令松弛，鲜艳华丽之服遍及黎庶。

二、礼服与品官服饰

明代上承周汉，下取唐宋，出现了历代冠服之集大成现象。明代天子之服分六种，包括衮冕、皮弁服、武弁服、通天冠服、常服、燕弁服，不同服装各对应不同的场合。如祭祀天地等大典礼时应穿衮冕、在亲征或朝觐时应穿皮弁服、在参加太子诸王冠婚时应穿通天冠服等，而其他非礼节性的场合则要穿常服（图7-1）。

明代官员参加典祭大礼所穿的朝服由梁冠、皂缘青衣、白纱中单、赤罗下裳、赤罗蔽膝、云头履、革带、佩绶、笏板等组成。不同官员的官职品级在冠上梁数和所佩绶带图案等方面有所不同。具体来看，一品冠七梁，革带用玉，绶用云凤四色花锦；二品冠六梁，革带用犀，绶同一品；三品冠五梁，革带用金，绶用云鹤花

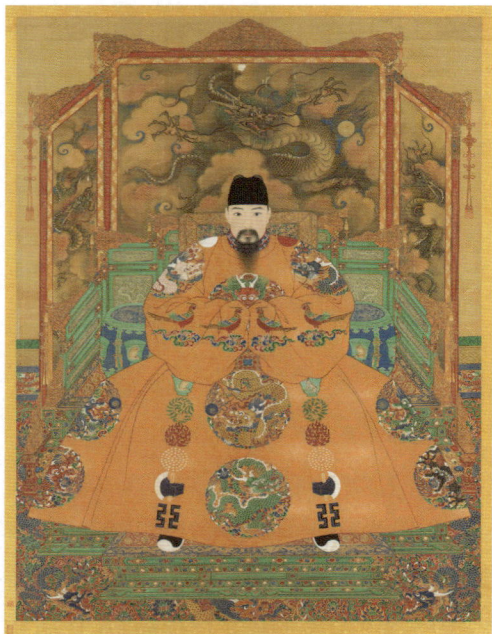

图7-1　身着十二章纹龙袍的明孝宗
（台北故宫博物院藏《明孝宗坐像》）

锦；四品冠四梁，革带用金，绶同三品；五品冠三梁，革带用银，绶用盘雕花锦；六品、七品冠二梁，革带用银，绶用黄绿赤织成练鹊三色花锦；八品、九品冠一梁，革带用乌角，绶用黄绿织成鸂鶒二色花锦。官员所执的笏板，一品至五品由象牙所制，六品至九品为槐木所制。

明代官员在重大公务活动时需要穿公服，其样式为展脚幞头、团领宽袖右衽袍、皂靴。袍服所用颜色和纹样因官品等级而不同：一品至四品用绯色，五品至七品为青色，八品至九品为绿色。袍服所织纹样，一品用大独科花，径五寸；二品用小独科花，径三寸；三品用无枝叶散答花，径二寸；四品、五品用小杂花，径一寸五分；六品、七品用小杂花，径一寸；八品以下无花纹。

明代官员处理日常公务时则穿常服，其由乌纱帽、团领衫和革带三部分组成（图7-2）。明洪武二十六年（1393年），规定职官常服胸口要缝缀补子以区分等级，文官绣禽、武官绣兽（图7-3）。具体来看补子的图案，文职一品用仙鹤，二品用锦

图7-2　明代官员常服
（吕文英、吕纪绘《竹园寿集图》）

图7-3　身穿补服的官员（罗德岛设计学院博物馆藏《周恭肃公像》）

鸡，三品用孔雀，四品用云雁，五品用白鹇，六品用鹭鸶，七品用鸂鶒，八品用黄鹂，九品用鹌鹑，杂职用练鹊，风宪官用獬豸。而武官一品、二品用狮子，三品用虎，四品用豹，五品用熊，六品、七品用彪，八品用犀牛，九品用海马（图7-4、图7-5）。

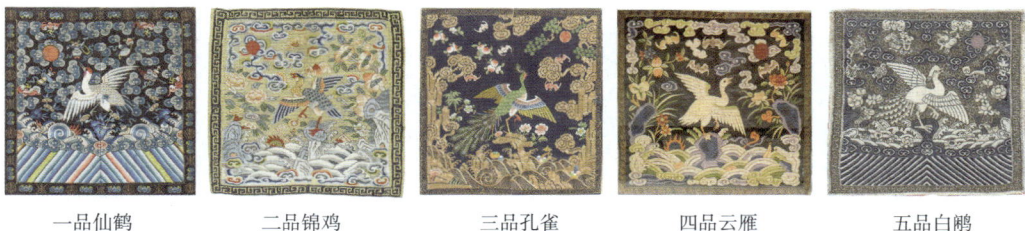

| 一品仙鹤 | 二品锦鸡 | 三品孔雀 | 四品云雁 | 五品白鹇 |

图7-4　文官补子图案（部分）

| 一品、二品狮子 | 三品虎 | 四品豹 | 五品熊 | 六品、七品彪 |

图7-5　武官补子图案（部分）

三、明代男子服饰

明代士庶男子日常便服主要在宋元基础上变化而来，有直裰、道袍、褶子、程子衣等。

直裰又称直掇，一般由素布制成，最初为僧人和道士所穿，样式为对襟大袖，交领右衽，衣缘四周镶有黑边（图7-6）。至明代直裰样式改变为大襟交领，衣长过膝，用纱縠、绫罗、绸缎和苎麻等织物制作，成为士庶阶层男子的日常穿着。明代直裰的领口最初缝有一块布，因为当时古人头发不经常洗，会留下污垢，这样可以方便清洗领口，增加耐磨度，后来逐渐变成一种固有形制（图7-7）。

褶子也是明代男子常用的便服之一，不分尊卑均可穿着，尤以官吏、士人穿着居多。款式有交领或圆领，衣长盖膝，两袖宽大，腰部以下饰有细裥。褶子一般用绢、罗、纱等面料来制作。

明代男子首服主要有乌纱帽、网巾、"四方平定巾"及"六合一统帽"。乌纱帽的式样与晚唐五代的幞头形似，黑纱所制，其形制前低后高，两边各插一翅（图7-8）。网巾由黑色细绳、马尾、棕丝等编织而成，除用以束发外，也是男子成年的标志，一般罩在冠帽之内或直接露在外面。"四方平定巾"是职官、儒士的便

图7-6　着直裰的明人肖像画（沈俊绘《陆文定人物画册》）

图7-7　着直裰的明人肖像画（南京博物院藏徐璋绘《松江邦彦画像》）

帽。其名取自其外形方正，以黑色纱罗制成，也称为"四角方巾"（图7-9）。"六合一统帽"俗称瓜皮帽，用六片罗帛拼成，为市井百姓日常使用（图7-10）。除上述巾帽外，明代男子的首服还有"平顶巾""遮阳巾""忠靖巾"等。

图7-8　明代官员乌纱帽（金生绘《东阁衣冠年谱画册》）

图7-9 明代四角方巾（明代《御世仁风》）

图7-10 明代瓜皮帽（杨洪绘《颖国武襄公杨洪图》）

四、明代女子服饰

在明代，命妇是指获得朝廷封赠官员的女性尊长或妻子，而"命服"为命妇平常所穿的服饰，可分为礼服和常服。

1. 凤冠

凤冠是一种最为庄重的命妇礼冠。从宋代起，它就作为礼服被列入冠服制度，

图7-11 明代孝端皇后凤冠
（故宫博物院藏）

而明代继承了这一传统。凤冠以金属丝网为胎，冠上装饰点翠凤凰，并挂有珠宝、流苏。也有用漆纱做成，加饰珠翠。凤冠有两种形式：一种由后妃所戴，冠上缀凤凰、龙等装饰（图7-11）。据《明史·舆服制》记载，皇后凤冠，饰九龙四凤；妃嫔凤冠缀九只翚鸟。另一种冠为普通命妇所戴，形制与凤冠相似，但不能装饰凤凰，仅缀金翟、花钗等，但习惯上仍被称为凤冠。

2. 霞帔

霞帔是命妇服制中的重要装束，形如两条彩练，绕颈披挂于胸前，下垂金玉坠子。霞帔早在南北朝时已出现，隋唐后人们称赞它美如彩霞而得名。白居易《霓裳羽衣舞歌》中记录有"虹裳霞帔步摇冠"。宋代正式将它作为礼服所用，明代沿袭了这一服饰，用作命妇礼服（图7-12）。

3. 大袖衫

大袖衫又名团衫，交领、衣身及两袖宽博，是北方女性的常用服装。命妇及士庶妇女均可穿着，只是在面料、色彩及衣纹上有所区分。

4. 褙子

褙子在明代女子服饰中也较流行，它承袭于宋代，一般分为两式：合领、对襟、大袖，为贵族妇女礼服；直领、对襟、小袖，为普通妇女便服。同样，命妇品级的差别也体现在色彩、纹饰等方面。至明代，褙子的用途更为广泛。

5. 比甲

比甲一般指无袖、无领的对襟马甲，长至臀部或至膝部，有些更长，离地不到一尺。据传产生于元代，明代《万历野获编》记："元世祖后察必宏吉剌氏创制一衣，前有裳无衽，后长倍于前，亦无领袖，缀以两襻，名曰比甲。"后普及于民间，形成风气（图7-13）。

6. 裙

明代女子下裳多穿裙，裙内加着膝裤。明初时裙色尚浅淡，至崇祯初年，多用素白，裙裾边缘一二寸的部位绣以花边。裙幅初为六幅，明末始用八至十幅料，腰间细褶数十条。其中一款"月华裙"的裙幅共有十幅，每褶各用一色，走动时好似皎洁的月亮呈现晕耀光华，故得名。而"凤尾裙"是以绸缎剪裁成大小规则的条料，每条绣以花鸟纹样，两边镶以金线，碎拼接成裙。另有一款"百褶裙"则以整缎折以细褶而成（图7-14）。

图7-12　明代霞帔
（明代《风宪官夫人像》）

图7-13　明代比甲

图7-14　着百褶裙的陶俑
（嘉兴南湖区许安村明墓出土）

7. 斗篷

斗篷又称为帔、披风或大氅，是中国古代用以防风御寒的长外衣，男女均可用。在明清时，斗篷的穿着已经很普遍，《红楼梦》第四十九回中记载："只见众姊妹都在那里，都是一色大红猩猩毡与羽毛缎斗篷。"它主要用绸缎等丝织物制作，并且不再限于雨雪天使用，还作为上层社会妇女的礼服外衣。

关于斗篷的起源有两种说法：一是源自北方或西北地区游牧民族防风沙的服饰，自南北朝广泛传入黄河流域，并演化为日后的斗篷；二是源于民间防雨雪的蓑衣。斗篷的具体样式为：对襟、一般无袖（古代也曾有过虚设两袖的长披风），领型有直领与圆领两种。斗篷多为一片式结构，穿时披在肩上，颈部用带子或纽扣系扎。斗篷还分长式与短式，短式及腰、长式至膝，冬季更长一些，随季节不同也有单、夹、棉、裘之分。女性斗篷的样式和面料花型较多，有的表面刺绣以图案，有的还用裘皮做衬里，而男性的则以素色为主。

8. 水田衣

明代女装中还有一款非常有特色的"水田衣"。它以各色丝锦面料裁剪成长方形、菱形等形状后拼合缝制，打破了唐代僧侣袈裟工整的拼布形式，不同材质和色彩的面料搭配出水田交错般的美感，故得名（图7-15）。

图7-15　明代水田衣

五、明代女子发式及首服

明代女子发式虽不及宋代丰富，但也有不少特色。大体来看，明初发髻变化不大，基本上属于宋元时期的样式。嘉靖以后多数妇女喜将头髻梳高，以金银丝挽结，远远望去，如男子头戴纱帽，顶上有珠翠装点。当时崇尚的有"桃尖顶髻""鹅胆心髻""牡丹头"等多种发髻形式（图7-16）。

图7-16　明代女子发式（仇英《汉宫春晓图》）

明代女子流行"包头"（即扎巾）和戴头箍。头箍也称抹额、眉勒，不分尊卑，女子皆可戴。抹额的材料除布帛、兽皮外，有的还使用金银珠宝，如用珍珠穿编成网或以纱绢为底，上缀珍珠，"攒珠勒子""珠子箍儿"正是指的这类头箍。其形式初期尚宽，后又变窄。

第八章　清代服饰

一、清代服饰概述

1616年，爱新觉罗·努尔哈赤统一各部，建立后金政权。1636年，爱新觉罗·皇太极登皇帝位，改国号大清。1644年清世祖爱新觉罗·福临入关后定都北京，逐步统一全国。至18世纪后期，中国成为亚洲东部最强大的封建国家，社会稳定，经济繁荣。鸦片战争后，随着西方列强的入侵，中国进入半殖民地半封建的社会状态。1911年辛亥革命推翻清王朝，彻底结束了中国长达二千多年的封建专制制度。

清代服饰制度极为庞杂和繁缛，条文规章多于过去任何一个历史时期，它既不失满族的文化传统，又保留了汉族服制的某些特征。清兵入关后，出于对政治、经济和军事的巩固需要，统治者颁布了剃发令和改冠易服的要求，通过"十从十不从"的政策在全国推行清代服制。同时，清政府在服制规定中吸收了明代冠服制度的很多内容，如将冕服上的十二章纹移至清代朝服、衮服和龙袍上；沿用明代品官服饰上的"补子"，作为区分官级高低与官职文武的标志等。清政府统治的二百多年间，满族、汉族两种不同的服饰文化在碰撞中相互渗透融合。至清末，中国服饰受西方文化的影响，人们的衣着方式也发生了巨大变化。

二、清代冠服之制

1.龙袍

中国古代帝王服饰中装饰龙纹的做法由来已久，早在周代就出现了画有龙纹的衮服。清代，"龙袍"作为帝王专用服装的名称被正式确定下来，其基本样式为圆领、右衽大襟、箭袖，颜色多采用明黄、金黄或杏黄色等，一般需搭配吉服冠、吉服带和朝珠，在普通的庆典活动中穿着使用（图8-1）。龙袍的材料随季节变化也分绸、棉、纱、裘等。

清代龙袍之制，在史籍中有明确记载，如《清史稿·舆服志》记："（皇帝）龙袍，色用明黄。领、袖俱石青，片金缘。绣文金龙九。列十二章，间以五色云。领

图8-1　清代皇帝龙袍

图8-2　清代香色缎绣八团有水袷蟒袍
（故宫博物院藏）

图8-3　清代石青色四团龙织金缎袷衮服
（故宫博物院藏）

前后正龙各一，左右及交襟处行龙各一，袖端正龙各一。下幅八宝立水，襟左右开，棉、袷、纱、裘各惟其时。""（皇后）龙袍之制三，皆明黄色，领袖皆石青：一，绣文金龙九，间以五色云，福寿文采惟宜。下幅八宝立水，领前后正龙各一，左右及交襟处行龙各一。袖如朝袍，裾左右开。一，绣文五爪金龙八团，两肩前后正龙各一，襟行龙四。下幅八宝立水。一，下幅不施章采。"

　　由于龙袍只有帝王及后妃可穿着，所以当帝王将龙袍赐予有功之臣时，必须先除去龙纹中的一爪，这类服装被称为"蟒袍"。从皇子至九品文武官员，以及命妇皆可穿着蟒袍。如皇太子着杏黄色，皇子着金黄色，领、袖为石青色，织金缎镶边，前后左右开衩，绣九蟒。一品至三品绣五爪九蟒，四品至六品绣四爪八蟒，七品至九品绣四爪五蟒等（图8-2）。

　　2. 礼服

　　礼服为帝、后、百官参加重大典礼时所用，如帝王登基、举行大典、祭拜天、地、日、月等场合，以及在元旦、万寿、冬至三大节日接受朝贺时穿着。

　　（1）衮服

　　衮服是帝王在祭祀圜丘、祈谷、祈雨等场合套在朝服或吉服外的礼服。它形制为圆领、对襟、平袖，衣长比朝服略短，由石青色缎制成，胸背和两肩绣有五爪金龙四团和日、月纹，并饰以五色云纹和江水海崖纹等（图8-3）。

（2）朝服

清代帝王的朝服是在登基、大婚、元旦、冬至、祭天、祭地等重大典礼和祭祀活动时所穿的礼服。

朝服由披领和上衣下裳相连的袍裙相配而成，袍裙的基本款式为圆领或立领，大襟右衽，箭袖，左开裾，腰间有腰帷，下裳与上衣相接处有襞积。箭袖因其袖口形似马蹄故又称"马蹄袖"。平日袖口向上翻起，行礼时则放下。其形制源于在北方严寒环境中袖口下翻可避寒，卷起则便于活动（图8-4）。

披领是帝王、皇后和大小文武官员缀在大礼服外的肩饰。它分为冬、夏两种，冬天用紫貂或石青色面料加海龙镶缘，夏天用石青色面料加片金缘边（图8-5）。

朝服分冬、夏两种形制，区别在于袍衣边缘，冬天用珍贵的皮毛，夏天则用缎。《钦定大清会典》记载帝王冬朝服"色用明黄……披领及裳俱表以紫貂，绣文，两肩前后正龙各一，襞积行龙六，衣前后列十二章，间以五色云"。帝王夏朝服"色用明黄……披领及袖俱石青，片金缘，缎纱单袷惟其时……绣文，两肩前后正龙各一，腰帷行龙五，衽正龙一，襞积前后团龙各九，裳正龙二，行龙四，披领行龙二，袖端正龙各一，前后列十二章……间以五色云，下摆八宝平水"（图8-6）。

图8-4　箭袖

图8-5　披领

（3）朝褂

朝褂是清代皇后、太皇太后、皇太后、皇贵妃、嫔于朝会、祭祀之时穿在朝服外的一种礼褂。朝褂不能单独穿着，只能和朝袍套穿，其形制为圆领、对襟、无袖，左右开衩，长与袍同，镶片金缘，领后垂不同颜色的彩绦，且绦上缀有珠宝。朝褂均为石青色，以织金缎、绸、缂丝、纱等材料制成，有单、夹和棉之分，

图8-6　清代明黄色彩云金龙妆花缎皮朝袍
（故宫博物院藏）

图8-7　清乾隆帝孝贤纯皇后秋冬季朝褂
（故宫博物院藏）

春季穿绸缎、缂丝等做成的夹朝褂，夏季穿纱做成的单朝褂，秋、冬季则穿绸缎等做成的棉朝褂（图8-7）。

皇太后、皇后、皇贵妃的朝褂款式相同，其上织绣有五爪金龙纹样，领后皆垂明黄色绦，绦上饰珠宝。具体来看，其形制分为三种：其一为褂上部前后织绣立龙各两条，下通襞积。襞积分为四层，第一层与第三层分别织绣行龙，前后各两条；第二层与第四层分别绣"万福""万寿"纹，各层均以彩云相间。其二为褂上部前后织绣半圆形纹饰，半圆形内织绣正龙图案前后各一条。腰帷前后织绣行龙各两条。中有襞积，而无纹。下幅为行龙八条（前后各四条），并饰有寿山纹、平水江崖等纹样。其三为褂前后织绣大立龙各两条，相向戏珠。中无襞积，下幅为八宝平水纹，并饰有五彩云蝠等纹样。

贵妃、妃、嫔的朝褂款式相同，其上织绣有五爪蟒纹，领后垂金黄色绦，绦上饰珠宝。其形制也有三种：其一为褂上部前后织绣五爪立蟒各一条，下通襞积。襞积为四层相间，一、三两层为行蟒各四条，二、四两层为"万福""万寿"纹，间饰五色云蝠。其二为褂上部前后织绣半圆形纹饰，半圆形内织绣正蟒纹前后各一条。腰帷上织绣行蟒四条。中有襞积，而无纹。下幅为行蟒八条。间饰五彩云蝠等。其三为褂前后织绣立蟒各两条，中无襞积，下幅为八宝平水。间饰五彩云蝠等纹。

3.吉服

在清代服制中，规格最高的是礼服，次一等级的是吉服。吉服主要在节日、筵宴等重大吉庆，以及劳师、受将、赐宴等一般典礼中穿用，包括龙袍、吉服袍、吉服褂、衮袍和龙褂等。

吉服褂是清代君后大臣穿在吉服袍外或单穿的一款礼褂，其形制为圆领对襟、平袖、紧身窄袖。《大清会典》规定：君后大臣的吉服褂皆为石青色，并在石青色面料上织、绣与其身份、地位相符的"补子"。吉服褂的补纹有龙、蟒、夔龙、禽、兽、花卉等。皇帝、皇太后、皇后、皇贵妃的吉服褂，以龙为章，又称龙褂，而除此之外的男吉服褂均称为补褂，补纹与其补服上的一样，因身份、地位不同而异，在使用上有着严格的品级规定。

《大清会典》还规定：郡王以上用龙，伯以上用蟒，文职一品用仙鹤，二品用锦鸡，三品用孔雀，四品用云雁，五品用白鹇，六品用鹭鸶，七品用鸂鶒，八品用鹌鹑，九品用练雀。武职一品用麒麟，二品用狮，三品用豹，四品用虎，五品用熊，六品用彪，七品、八品用犀牛，九品用海马，都御史等官用獬豸（图8-8、图8-9）。

图8-8　清代文官一品仙鹤纹补子

图8-9　清代武官一品麒麟纹补子

吉服褂又分为男吉服褂和女吉服褂。男吉服褂，即帝王至百官穿着的吉服褂，除未成年的皇孙、皇曾孙、皇玄孙以外，吉服褂的款式统一，用色及其上织、绣的花纹均与各自的补服相同。女吉服褂，即皇太后下至七品命妇穿着的吉服褂。其中，皇太后、皇后的吉服褂，其形制均为两种，其余人员吉服褂的形制均为一种。褂上的补子因身份、地位之不同，分为八团、四团、两团不等（图8-10）。

另外，吉服褂有棉、夹、单、裘四种，即春季使用绸缎、缂丝做成的夹吉服褂，夏季使用纱做成的单吉服褂，秋季使用绸缎、缂丝做成的棉吉服褂，以及冬季由裘皮制作的吉服褂。

图8-10　青石青缎地绣八团龙女吉服褂

4. 常服

常服是清代帝王在内廷处理政务以及帝后百官在日常起居中所穿的便服，包括便袍、衬衣、氅衣、马褂、坎肩、袄、衫、裤和套裤等（图8-11、图8-12）。

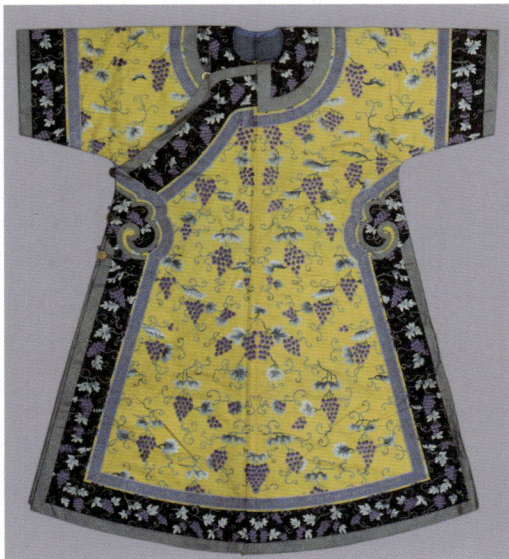

图8-11　清代明黄色绸绣葡萄夹氅衣
（故宫博物院藏）

图8-12　清代品月色缂丝海棠袷大坎肩
（故宫博物院藏）

清代后妃的常服袍，其造型为圆领、右衽大襟、箭袖、左右开裾。而常服褂是穿在常服袍外的圆领、平袖、对襟、长至膝下、裾为左右两开的石青色外褂，其款式与吉服褂相同，上至帝王下至百官均可穿着，但其上不缝缀补子。使用场合应与常服袍一致，除了和常服袍搭配穿着以外，有时也可单穿。常服褂均以石青色暗花织物为面料，其花纹无具体的规定，在符合官职等级的情况下，可随意选择。常服褂也分棉、夹、单、裘四种，可根据季节更换不同面料。

5. 行服

行服是帝王出巡、围猎和征战时穿着的服装，由行袍、行冠、行褂、行裳和甲衣等组成。其样式与常服相近，但比常服略短，颜色多为石青色，面料有棉、夹、纱和裘等。行服方便骑马及射猎，有"得胜袍""得胜褂"的美誉。具体来看，行袍多为圆领、右衽大襟、箭袖、裾四开，右衣裾下短一尺，不骑马时将所缺衣襟与掩襟用三枚扣系牢，形如常服袍（图8-13）。

行褂是穿在行袍外面的短褂，为圆领、对襟、平袖、长不过腰、紧身窄袖、袖长至肘。行褂也分棉、夹、单、裘四种，根据季节换穿。行褂于康熙末年传至民间，后演变为马褂。行褂自君王至各品文武官员皆可穿着，且款式相同，主要以其用色及缘边来区分官员等级，对此清制有着严格规定：君王、亲王、郡王和文武百官的行褂，皆用石青色；领侍卫内大臣、御前大臣、侍卫班领、护军统领、健锐营翼长的行褂用明黄色；诸臣因军功获赐黄马甲才能用明黄色；八旗之四正旗副都统、护军参领、火器营官、正黄旗的行褂，均为金黄色；正四旗的行褂，除其副都统、护军参领及火器营官之外，与本旗旗色相同，旗什么颜色，行褂就用什么颜色，如正黄旗用金黄色，正白旗用白色，正红旗用红色，正蓝旗用蓝色等（图8-14）。

图8-13　清代香色夔龙凤暗花绸皮行服袍
（故宫博物院藏）

图8-14　清代石青缎银鼠皮行服褂
（故宫博物院藏）

6. 礼冠

清代品级冠饰有朝冠、吉服冠、行冠、常服冠等。朝冠的顶部一般饰有尖形宝石，中间有球形珠宝，下面是金属底座（图8-15）。吉服冠的顶比较简单，仅有球形珠宝及金属底座，底座用金或铜制成，上面有镂刻花纹（图8-16）。

图8-15　清代点翠嵌珠后妃夏季朝冠
（故宫博物院藏）

图8-16　戴吉服冠的纯惠皇贵妃
（郎世宁绘《纯惠皇贵妃油画像》）

朝冠又分为冬、夏两种，一般冬天所戴的冠饰叫暖帽，夏天所戴的冠饰称凉帽。按规定，每年三月换戴凉帽，八月换戴暖帽。暖帽帽檐向上翻折，顶部装有红色帽帏，帽帏之上为顶珠，饰东珠、火珠、龙、凤、金翟。颜色有红、蓝、白、金等。金翟尾垂珠长及肩背部。青缎的带与垂珠相似，冠后有护领。而凉帽无檐，形如斗笠，呈圆锥形，一般用玉草或白草编织成帽胎，外裹白色、湖色或黄色的绫罗，并用石青色织金边镶沿。冠前饰以金佛，后面缀有舍林，顶部饰有红色帽帏和顶珠。冠内缀圆箍，箍两边用缎带系住，缚于颌下（图8-17）。

翎冠是以孔雀尾的翎羽做冠顶上的装饰，顶珠之下有翎管一支，用于安插翎羽。翎羽插在翎管上，拖于脑后。翎子分花翎和蓝翎两种，花翎为孔雀翎毛制成，蓝翎用鹖羽所制。花翎根据孔雀尾端的彩色斑纹，即"眼"的多少区别官品，其中以三眼多为最贵，只有宗室贝子可戴。而蓝翎为贝勒府司仪长及王府、贝勒府二、三等护卫所戴（图8-18）。

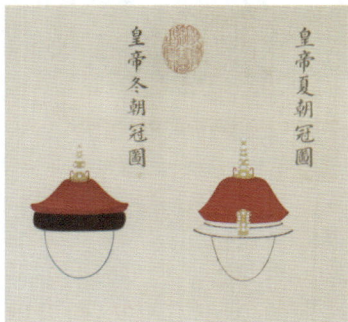

图8-17　清代皇帝冬朝冠和夏朝
冠（清代《皇朝礼器图式》）

图8-18　清代翎冠
（故宫博物院藏郎世宁等绘《乾隆皇帝射猎图》轴）

三、清代民众日常服饰

1. 长袍

清代日常生活中，男子多穿长袍和马褂。长袍一般有单袍、夹袍和棉袍之分，其式样为右衽（分长掩襟和半掩襟），左右两边开裾（皇家长袍多为四开裾）。清初男子长袍款式较为宽大，长及脚面，无口袋，无领，穿时要加领衣。后来长袍则渐渐短而瘦，加上立领。面料多为棉布，颜色以本白以及黑、蓝、土黄为主（图8-19）。

2. 马褂

马褂又称短褂，多套穿在长袍、长衫外。因穿后活动方便，清初时曾流行于侍卫、扈从、营兵之间。其结构多为圆领、长至臀围、下摆开裾。门襟形式有对襟、右衽大襟、右衽琵琶襟、一字襟；袖式有长袖、中袖、平袖、平阔袖，袖口平直。马褂分单、夹、棉、皮等多种，南方地区多用铁纱线呢、缎，北方地区多用毛皮制品。一些达官贵人常会用狐皮、紫貂、海龙等贵重毛皮材料制作马褂的内衬（图8-20）。

3. 马甲

马甲又称坎肩、背心，它是清代男女老少的日常便装，一种春秋季穿于袍褂外的无袖短上衣。马甲多以深色绲大宽边，有一字襟、琵琶襟、对襟、大襟和多纽式等样式，除多纽式无领外，其余均为立领。"巴图鲁坎肩"（"巴图鲁"是满语中"勇士"的意思）是其中较有特色的一款，它本是由厚实材料制成的御寒衣，后传入民间。其长不过腰，衣服中间纳棉絮或缀以皮里，衣襟横开于前片胸前，上钉七粒纽扣，加上左右两腋各钉三粒，共十三粒纽扣，俗称"十三太保"，不分性别均可穿着（图8-21）。

4. 衫、袄

清初的女衫以宽博为尚，衣长盖臀，袖宽过尺，衣领、衣襟及袖端多镶嵌有较窄的花边。乾隆年间流行大袖宽衫，衣边也较从前宽阔。至咸丰、同治年间，女衫衣身略有收小，袖口也有所缩小，而衣长进一步增至膝盖位置。到嘉庆年间，衣饰镶边也越来越多，袖口也变宽。咸丰、同治年间，北方妇女以镶边多为时髦，当时有"十八镶"之说来形容衣缘用花边镶绲多的女装。清末时衣身继续收窄，衣袖也变得更紧窄，且长度缩短，能露出里面的衬衣。袖口镶边的形式多是第一道较宽、第二道和第三道逐渐变窄的双重镶边。衣领及耳，达6cm之高（图8-22）。

图8-19 着长袍男子

图8-20 清代绛紫色绸绣桃花团寿镶貂皮夹马褂（故宫博物院藏）

图8-21 清代石青色团牡丹暗八仙纹织金缎马甲（故宫博物院藏）

袄是清代汉族妇女的日常服饰，有长袄、大袄和小袄三类，也分单、夹、棉、裘多种。长袄式样较宽大，衣长及膝，有大襟或对襟，镶缘阔边，领式有高领、低领，平袖，有宽窄两种，有些长袄的袖子上还饰有数道刺绣缘边。大袄的式样与长袄相近，长度短至臀下，有右衽大襟大袖、对襟大袖、窄袖等。衣襟和衣袖有阔边镶缘缘边。小袄为妇女贴身所穿，瘦小紧身，多有施绣。袄的质料多用锦、缎，衫多用纱、罗、绸等。颜色多为天青、湖蓝、粉白、红色。富贵人家绣上各种花鸟或吉祥纹样，普通人家则在衣领的襟、下摆开衩处用各种布帛镶（图8-23）。

图8-22 清代大红色绸绣花蝶纹氅衣

图8-23 清代酱缎地绣花篮散花纹女袄

5. 旗袍

满族实行八旗制度，凡编入旗籍者都被称为"旗人"，而旗人所穿之袍则被称为"旗袍"。最初，旗袍的范围很广，包括朝袍、蟒袍、常服袍等，后来则专指女性的家居之袍。其制为右衽、平袖，袍长及踝，领子有圆领和小立领两种，衣料有单、夹、棉、裘之分，按季节不同穿着。清代中叶，旗袍的样式有所变化，除圆领外又出现了立领，袍袖也比清初宽大，下摆一般多垂至地面。旗袍在清末又有新的发展，其最大特点就是袍身宽敞，外形以直线为主，衣长多盖住脚面，领子用元宝式，另在领口、袖端及衣襟等处镶以宽阔的花边（图8-24）。

图8-24 清代黄地绣花蝶纹旗袍

6. 裙

清代汉族妇女的下裳一般为裙，女裙式样繁多，先后出现了几十种裙子，代表性的有百褶裙、马面裙和凤尾裙等。

清初，苏州地区的女子崇尚"百褶裙"，其式样多为长及脚踝的大摆裙，裙幅两侧各打出许多细褶，有各五十褶合百褶，也有各八十褶合一百六十褶等。每个细褶上绣有精细花纹，以花、鸟、虫、蝶最为流行。裙的前后各有20cm左右宽、绣有精美花纹的平幅裙门，底摆饰有镶边，裙上还系有围腰和饰带。

马面裙在清代也十分流行。"马面"一词出自明代刘若愚《明宫史》中关于"曳撒"的记载："其制后襟不断，而两傍有摆，前襟两载，而下有马面褶，从两傍起。"马面裙两侧有细褶，裙门和裙背加纹饰，腰间有裙腰和系带，名为"顺风褶"，裙腰多为白色，意为白头偕老之意。

康熙、乾隆时流行一种裙式，以缎裁剪作条，其上绣花，两边以金线镶绳，再拼接成裙。由于这款女裙走起路来彩条飘飘，金线闪烁，颇似凤尾，故名"凤尾裙"。最初围系于裙子之外，后将其缝合于马面裙外，成为凤尾马面裙（图8-25）。

图8-25　清代传世马面裙和用凤尾装饰的马面裙

7. 一口钟

一口钟是披风的一种形式，也称为"斗篷"。清代曹庭栋在《老老恒言》中对其做了详细的描写："式如被幅，无两袖，而总摺其上以为领，俗名'一口总'（即'一口钟'），亦曰'罗汉衣'。天寒气肃时，出户披之，可御风；静坐亦可披之御寒。"

清代是一口钟发展的高潮期，它几乎成为当时女性的"时装"。其具体形制为对襟、无袖、立领、领口使用带或扣固定、左右无衩的长外衣。由于它在领口一般有抽缩，因此整体造型上敛下敞，形如覆钟，故称"一口钟"。无论男女官庶均可穿着，官员可将一口钟罩于补服外作为公服，但规定了不可披于蟒服上。另外，一口钟在重要场合不能穿着，行礼时也需脱去（图8-26）。

图8-26 清代白地绣竹叶纹一口钟
（故宫博物院藏）

8. 女性内衣

清代女性内衣称为兜肚或肚兜。其式样为五边形，上面两角及左右两角缀以带子，使用时上面两带系于颈，左右两带系于背部。多用粉红、大红的彩色布帛制作，并绣有图案。

9. 鞋履

弓鞋，即缠足鞋，一般由妇女自己制作。弓鞋以木头作底，底垫于后跟。鞋面蒙有色彩鲜艳的各色绸面，或施以彩绣，或缀以珠玉，夹上龙脑、麝香等香料。

清代满族妇女最具代表性的鞋称为"旗鞋"，其鞋面多为缎制，绣有花纹，配有5~10cm的木质鞋底，有的高14~16cm，甚至达到25cm。鞋底窄小，上端大，形似花盆的被称为"花盆底"；鞋底宽大，上端小的被称为"马蹄底"，此外还有"元宝底"等。穿着此鞋后身形修长，体态优美（图8-27）。

图8-27 清代雪青色缎花盆底鞋和月白色缎元宝底鞋（故宫博物院藏）

四、清代配饰

1. 朝珠

朝珠是区分清代官吏等级的一种饰物，它是由佛教念珠演化而来。按清代冠服制度规定，朝珠由珊瑚、玛瑙、翡翠、水晶、琥珀、绿松石等材料制成，共计108粒圆珠。在朝珠的两侧还附有三串更小的珠子，每串10粒，象征每月30日。在后背的一颗大珠下还垂有一组玉饰，尾端是一枚椭圆形的玉片，名为"背云"。根据《大清会典》规定："凡朝珠，王公以下，文职五品，武职四品以上及翰詹、科道、侍卫、公主、福晋以下，五品官命妇以上均得用。"有些文吏在一些礼节性场合也可以使用朝珠，但礼毕则必须解下（图8-28）。

2. 荷包

荷包是一种用于盛放零散物件的小袋，挂于腰间，南北朝时佩囊制度正式确立，当时人们所佩的鞶囊可以视为是其前身，而荷包一词则出现于宋代后。清代荷包通常以丝织物做成，上有彩绣，造型多样，有圆形、鸡心形、葫芦形等。除荷包外，清代男子还在腰间挂有褡裢、扇套、香囊、小刀、眼镜盒等物品（图8-29）。

3. 云肩

源自元代的云肩是中国古代女性佩戴在肩部围脖子的饰物，清代人们将其作为礼服上的装饰。《清稗类钞》曰："云肩，如女蔽诸肩际以为饰者。元之舞女始用之，明则以为妇人礼服之饰。本朝汉族新妇婚时，亦用之。"

光绪末年，由于江南地区女子所梳的低髻及肩，佩戴云肩可以护衣，防止发髻油污弄脏衣服。李渔《闲情偶寄》曰："云肩以护衣领，不使沾油。制之最善者也，但须与衣同色，近观则有，远视则无，斯为得体。"清代云肩剪裁精巧，制作精美，款样有莲花式、缨珞式、柳叶式和柳叶旋转放射式，以及蝶恋花四合如意式等。云肩的结线大多为缨珞，周围垂有排须。其上的刺绣图案大多含有福寿如意、多子多福等吉祥寓意（图8-30）。

图8-28　清代青金石朝珠（故宫博物院藏）

图8-29　清代荷包

图8-30　清代传世云肩

五、清代女子发式

清代满族女子大多以钿子为饰，钿子用铁丝或藤丝为骨，外面裱以黑纱，上饰有翠翟。普通旗女梳"叉子头"，也叫"两把头"。康熙之后，满族妇女发式由于受汉族发髻"如意头"的影响，将发髻梳成"一"字形，俗称"一字头"（图8-31）。裴毓麟《清代轶闻》记述："考钦皇后时，制成新式，较往时之髻尤高，满洲妇女皆效之。"清末，旗女的发髻越来越高，称为"大拉翅"。这种发式内的骨架用铁丝制成，外蒙缎和绒布，并用大头花、珠结、绒花、流苏等装饰，穿戴时只需直接套头顶即可（图8-32）。

汉族女子在清初仍然沿用明代的式样，至清代中叶开始仿满族宫女发式，以高髻为尚，梳"叉子头"，后还流行平髻、圆髻、如意髻等。清末时崇尚梳辫，先流行于少女之中，后渐渐普及成为女性的主要发式。年长的女性还在额头上佩系遮眉勒，其上点缀珠宝或图案等，在寒冷的季节中佩戴既有御寒作用，又能起到装饰效果（图8-33）。

图8-31 清代"一字头"发式
（故宫博物院藏《玫贵妃春贵人行乐图》轴）

图8-32 清代"大拉翅"发式

图8-33 佩戴眉勒的清代女子
（故宫博物院藏《胤禛美人图》）

第九章　民国服饰

一、民国服饰概述

1840年鸦片战争爆发后中国被迫打开国门，在西方文化的不断冲击下，中国社会改变了以往相对封闭的状态，中西合璧的穿着方式在晚清时期已时有出现。1911年辛亥革命爆发，孙中山领导了旧民主主义革命，推翻了封建帝制的最后一个王朝，建立中华民国，延续了数千年的等级森严的封建服饰制度也随之瓦解。《中华民国临时约法》规定："中华民国人民一律平等，无种族、阶级、宗教之分别。"人们终于可以在服饰穿着上进行自由选择。

民国时期，伴随着民族资本主义的出现，上海、广州等地出现了一批买办资本家和民族资本家。欧美资本主义国家在华兴办企业、银行，各大城市中形成租界，西风东渐使得西方服饰文化快速渗入国内社会，各类"洋装"对中国传统的服装式样产生了强烈冲击。至此中国服装史进入了一个特殊的、中西式服装并存的时代。相当数量的城市居民接受了西方服饰，并与传统服饰相融合，形成了中西合璧特征鲜明的穿着风格，如女装中有旗袍、烫发、高跟鞋的组合，男装中有长袍与礼帽、西裤、皮鞋的组合等。同时，民国时期贫富分化现象非常严重，社会发展极不平衡，即使城市中西装洋服已流行开来，但广大农村地区仍旧保持着19世纪的服饰风貌。

二、男子服饰

马褂、长袍（长衫）是民国时期男子最为常见的服饰搭配（图9-1）。马褂为对襟窄袖，长及臀上，一般缀有五粒扣子，套穿于长衫或长袍外。长衫或长袍为右衽大襟，长至踝上约两寸，袖长与马褂并齐，左右两侧的下摆处开长衩。衣为蓝色居多，作便服时不拘颜色。长衫和长袍外形相似，主要区别在于衫是单层，多为春夏季穿着，而袍内有夹里，用于秋冬季。这套行头下身一般搭配中式裤子，民初时这种裤式比较宽松，裤脚以缎带系扎。

图9-1 民国时期着长袍、
马褂和手拿礼帽的男子

20世纪20年代起西服在国内开始流行，一般是为外商办事的洋买办和归国留学生群体穿用。当时所穿的西服一般为三件套：西装、背心和西裤，且常与衬衫、领带或领结及礼帽、手套、皮鞋等搭配使用（图9-2）。

日式学生装是从欧洲西装造型基础上衍生出的款式，直立领、胸前有一个口袋、衣袖等结构均似西装，一般为进步人士和学生所穿，成为具有先进革命思想的象征（图9-3）。

此外，中山装是这一时期的代表性男装，它是由孙中山先生亲自创导，以当时在南洋华侨中流行的"企领文装"为上衣的基样而设计的。中山装造型吸取了中式传统服装和西式基型服装的特点，最主要的特征是企领上加装翻领，前门襟均匀排列有七粒纽扣，后背做缝，下端开衩，后背中腰处加上腰节的省缝，穿起来收腰挺胸、舒适自然。前身四个贴袋，其中下面两只大袋为琴式袋，各袋均有褶裥和袋盖，袖口钉3个扣子（图9-4）。中山装由于造型稳重、内敛含蓄，既表达出一定的政治意味，又体现了当时新潮的着装理念，故非常符合这一时期国人的审美。同时它既能用于日常穿着，又可用于工作或出席正式场合；能适应青、中、老年不同年龄人群的穿着需要；能适应不同地区气候条件的需要等。这些优点使中山装成为经典的中国男装样式，直到今天依然受到男性欢迎。

民国时期普通劳动阶层的服饰主要还是衫、袄及中式裤、黑布鞋。

图9-2 穿西服的男青年

图9-3 穿日式学生装的
男青年

图9-4 穿中山装的男青年

三、女子服饰

民国时期，女子服饰的变化较为明显，服饰类别也极为丰富，有承袭清制者，也有仿效西式者。初期主要以上衣下裙最为流行，后期近代旗袍和时装开始崭露头角。

1. 袄裙

袄裙仍为上衣下裳式。长袄为高领、窄袖；短袄为低领、宽袖，袖长齐肘，袖口肥大宽直。门襟样式分直襟、大襟等。服装整体裁制比较紧体，通常搭配马面裙等长套裙一起穿着，并多见刺绣装饰（图9-5）。

当时在留日学生的影响下出现了所谓"文明新装"，年轻女性穿用窄而修长的高领衫袄，下穿黑色长裙，崇尚简洁，不施绣纹，同时不用簪钗、手镯、耳环等饰品。

2. 近代旗袍

今天，旗袍已经站上了国际舞台，成为代表中国的经典服饰之一。旗袍原是满族女性的传统服饰，20世纪初民国服饰设计师们在传统满族旗袍的基础上，结合中国女性的体型特点，又吸收了欧美时装的造型元素，对旗袍不断进行改良，使之在都市中迅速流行开来。

20世纪20年代初，旗袍的袍身开始收紧、袖口缩小、绲边改窄，刺绣、花边、镶绲等装饰也逐渐减少。20年代末，在欧美服装造型的影响下，旗袍衣长减短，增加了腰间省道，使旗袍的轮廓线从先前的宽大直腰直线式变为收腰合体式，充分展现出女性的秀美曲线。中华民国政府于1929年将旗袍确定为国家礼服之一（图9-6）。

20世纪30～40年代是旗袍的黄金时代，也是近代中国女装最为光辉灿烂的时期。特别是上海旗袍越来越多地糅合了西方服饰元素，形成了风格鲜明的"海派旗袍"，如采用荷叶领、西式翻领、荷叶袖或将单襟改为双襟等（图9-7）。30年代末，又出现了肩缝和装袖，使得肩部和腋下更为合体，甚至旗袍中使用了垫肩，称为"美人肩"。除了旗袍造型的改变，旗袍的穿着搭配也充分体现中西合璧，如在旗袍外面套上西式外套或大衣，搭配高跟鞋、小礼帽等。在传统与

图9-5　穿袄裙的女青年

图9-6　穿旗袍的女青年

图9-7　1936年月份牌广告画中穿新式旗袍的女子

现代、东方与西方的碰撞中，旗袍越来越贴近时代、贴近生活。

四、中国近代时装的萌芽

20世纪20年代的中后期是近代中国女性服饰演变的一个重要阶段，这个时期在我国开始出现时装的萌芽。时装的流行、传播和当时特定的社会风尚及文化生活有着密切的关系。时装就是一种时髦的服装，它不仅合乎时代，也合乎时节，每时每刻都在变迁、发展，有很大的流行性。

在这一时期，以上海为代表的大城市，时装店的出现如雨后春笋，百货公司、服装公司定期举办时装表演，上海《上海漫画》《良友》等杂志每期都会介绍法国巴黎和英国伦敦的流行服饰（图9-8、图9-9）。据1922年《家庭》杂志的一篇文章刊载："至于衣服，则来自舶来，一箱甫启，经人道知，遂争相购置，未及三日，俨然衣之出矣……衣则短不遮臂，袖大盈尺，腰细如竿，且无领，致头长如鹤，裤亦短不及膝，裤管之大，如下田农家妇。胫上长管丝袜，肤色隐隐……今则衣服之制又为一变，裤管较前更巨，长及没足，衣短及腰。"表明了当时大都市里的人们对外来服装的欢迎态度，以及这些服装的样式变化。

至此，中国服装发展进入了一个新阶段，呈现出活跃、繁荣的局面。而对于当时少数大城市以外的绝大多数地区，女子仍是上穿衫袄、下着长裤的传统样式。

图9-8　民国时期时装（陈映霞《新妆百美图》）

图9-9　1931年画家叶浅予设计的秋季时装

第十章　新中国服饰

一、改革开放前服饰

新中国成立以后，中国人民从长期不稳定的战争状态转入一个相对稳定的发展时期，全国人民意气风发地投身于社会主义经济建设之中。工人、农民的社会地位得到很大的提高。在政治变革、社会转型、百业待兴的形势下，人们的着装风格主要以朴素、庄重、实用为主要特征，着装具有强烈的政治含义和革命意识。到了1956年1月，共青团中央和全国妇联联合发出《关于改进服装的宣传意见》，号召美化人民的穿着。在政府部门的大力提倡和宣传下，人民群众对服装有了新的认识，他们认识到，穿着上的美观大方既能体现社会主义优越性，又可以弘扬民族精神。这一时期，代表了新中国新气象的人民装、列宁装、布拉吉、工人装、军便装都非常流行。

1. 人民装

在20世纪50年代，中国服装的潮流都是北京引领的。1950年1月，报上登出中央人民政府政务院的公告，规定了地方人员单衣式样。此后，勤杂人员四个暗袋的中山装改称"人民装"。人民装是改进后的中山装，其具体款式为：前襟4个贴袋，5颗纽扣的单排扣，袖口各3颗纽扣，尖角翻领。当时穿人民装的年轻人很多。后来出现的"青年装""学生装""军便装"等都有中山装的影子（图10-1）。

2. 工装裤

随着社会主义建设事业的发展和工人阶级社会地位的不断提高，工人工作时穿的一些工装也成为年轻人所喜爱的时髦装扮，尤其是工装裤。工装裤为背带式，直身宽体，裤腿肥大，胸前有梯形的护胸兜，上缀一贴袋（图10-2）。工装裤是一种男女

图10-1　人民装

都可以穿着的服装。

3. 列宁装

列宁装是苏联的一种革命服装，样式跟中山装有些相似，因为列宁在世时经常穿这种衣服，故将此命名为列宁装。

列宁装的基本款式为：衣领是开、合两用。敞开时翻作V形领口，闭合时左领子上角纽扣与右领子上角纽扣相扣，如同中山装。双排四档纽扣，第一档纽距特别长，以便于领部翻敞开来，这是列宁装的特色之一。左胸部置手帕袋一只，腹部两侧对称置有宽襟斜插袋各一个。后背有背缝但无开衩，腰部系一根宽腰带，下摆到臀部。列宁装在中国一般多为女性的服装。穿列宁装、留短发是20世纪50年代年轻女性的时髦打扮，看上去朴素干练、英姿飒爽（图10-3）。

4. 布拉吉

布拉吉是俄语"Blazy"的音译，即连衣裙。20世纪50年代仿照苏联当时流行的连衣裙款式制作的一种连衣裙，节省布料，款式多样，穿着舒适。基本造型是宽松的短袖，带褶皱裙身，领口设计偏大，通常为圆领、方领或V形领，面料多为碎花或格子图案，裙子的长度通常到膝盖以下，还有一条腰带（图10-4）。随着历史发展，列宁装、布拉吉渐渐退出了历史舞台。

图10-2　工装裤

图10-3　列宁装

图10-4　布拉吉

5. 解放鞋与解放帽

20世纪50年代初，随着中国橡胶工业的起步，中国人民解放军从穿布鞋转变为穿布面胶鞋，被称为解放鞋（图10-5）。解放鞋耐磨又轻便，而且价格低廉，成为很多普通市民的用鞋，深受老百姓的喜欢。当时的数据统计显示，农民穿解放鞋的有40%，城市体力劳动者穿解放鞋的高达90%。

图10-5　解放鞋

解放帽是中国人民解放军在1949～1988年使用的一种圆形短檐单帽。它起初连名字都没有,"解放帽"这个名字是从民间叫起的,因为解放军戴它,同时它也伴随着全国的解放,久而久之,部队自己也这么叫。进入20世纪60年代,全社会争相以穿军装为时尚。

二、改革开放后服饰

1978年12月,中国共产党召开了第十一届三中全会,会议决定中国今后将以经济建设为中心,解放和发展社会生产力,进一步解放人民思想,走改革开放之路,建设有中国特色的社会主义。改革开放使外来文化涌入国门,人们对时髦服装的追求变得强烈。1983年底,中国彻底取消了已经延续几十年的布票,服装改革的呼声迅速响遍全国。

20世纪80年代,受电影、连续剧以及娱乐明星的影响,时髦的男士喜欢穿西装、夹克、牛仔裤,或者花衬衫、喇叭裤(图10-6);而时髦的女士则喜欢穿有宽厚垫肩的西服套装,或者蝙蝠衫、健美裤。进入20世纪90年代,人们的生活向小康过渡,思想观念更为开放。人们的服饰急速变化,穿衣打扮讲求个性和多变,很难用一种款式或色彩来概括时尚潮流,强调个性、不追逐流行本身也成为一种时尚。

进入21世纪,随着国际一线时装品牌和大牌时尚杂志纷纷入驻,再加上时尚影视节目的推波助澜,中国沿海大城市里青年的着装已经基本跟国际接轨。2000年,电影《花样年华》的全球上映让中式旗袍再次风靡世界。2001年在上海亚太经合组

图10-6　20世纪80年代北京的时装店

织(APEC)峰会上,20位各国领导人集体亮相,他们穿的都是大红色或宝蓝色的中式对襟唐装,这一情景通过电视瞬间传遍全球,唐装迅速流行。这种东方韵味十足的服装使穿惯了现代时装的人们产生了亲切感和新鲜感。于是,唐装也随着这股热潮走进了寻常百姓家。

2008年北京奥运会、2022年北京冬奥会的成功举办,不仅向全世界展现了我们的文化自信和气度,也在全国范围内掀起了运动热潮(图10-7)。李宁、安

踏、特步、鸿星尔克等国产运动品牌在产品设计中将现代科技与中国传统文化相结合，不断提升研发水平、加强质量把控、完善渠道建设，越来越得到消费者的认可。

图 10-7　身穿中国制造比赛服的中国短道速滑队

第二部分

西方服装史

西方服装史与中国服装史不同，中国服装史是在一个相对固定的地理环境中随着朝代与文明的更替形成的，而西方服装史则是伴随着文明的迁移，跨越亚、非、欧三大洲，最后落脚在西欧诸国，其历史背景更加错综复杂，文化形态也极为丰富。但从大的历史阶段上看，西方服饰是从"宽衣"向"窄衣"的变迁，即古代南方型宽衣形态时代、中世纪宽衣向窄衣过渡时代和文艺复兴以后的窄衣文化发展时代。

第十一章 远古服饰

一、古埃及服饰

古埃及（公元前3000～公元前300年）位于非洲东北角，世界第一长河——尼罗河自南向北贯穿全境，西边有利比亚沙漠和连绵起伏的高山，南方有许多急流浅滩。这些天然屏障与天赐的沃土一起保障了古埃及在相当长的历史时期内持续长久的和平盛世，古埃及人的生活和文化也都没有太大的变化，持续着固定的样式。

古埃及的文明是建立在得天独厚的自然环境和泛神论的宗教信仰基础上发展而来的，因此在古埃及文化中，宗教、自然、艺术三者密不可分，艺术更是随着浓厚的宗教气息，充满静穆与庄重。建筑、壁画、雕塑和象形文字都强调结构的规律性和节奏感，这些特点在服装的褶皱、图案上也得到了体现。

由于气候炎热，古埃及人通常穿着亚麻质地的轻薄服装。最初，古埃及人穿衣没有明显的等级差别，但是后来，服饰成为区分、显示穿着者社会地位和个人财富的象征。造型简洁、色彩单纯的服装与极具装饰性的服饰品形成鲜明的对比，成为古埃及服饰的显著特点之一。

1. 女装

最初，女子只在腰部简单地用一块麻布包裹，上身暴露在外。只有贵族女子才穿对角打褶的披肩，垂至肘部。晚些时候，出现了类似今天吊带裙的紧身长袍丘尼卡（Tunica），从胸部垂至腿肚或脚踝，用一条或两条肩带缚住。裙子柔软贴身，一般是白色亚麻质地，但除了白色，也有手绘、染色的鲜艳纹样，吊带和裙边也有许多华丽的装饰，面料上的褶皱增加了裙子横向的弹性（图11-1）。中王国时期之前，紧身长袍是将胸部露在外的，可见那个时代的衣着不是为了遮盖，而是为了展示美；中王国时期之后，裸露的情况就十分少见了，还出现了短袖款式，但一般只有王妃或者贵妇穿着。

受闪米特人的影响，古埃及女子开始穿一种宽松的类似丘尼卡的长裙，称为卡拉西里斯（Calasiris）。它是用一块两个身长大小的布对折后，从底边缝合至腰际，穿着时在腰间用腰带束拢，形成细褶。上身部分看起来就像一个斗篷（图11-2）。

2. 男装

古埃及男子穿的是一种叫鲜提的衣服，其实就是一块麻质的白围巾缠在腰间，并用一根细绳固定。王族和贵族使用的面料是有很多装饰和褶裥的，褶皱以腹部为中心呈放射状分布，象征着太阳的光芒。这种图案也是古埃及帝王的族徽。

最初，男子只穿鲜提而上半身是赤裸的。后来，男子将卡拉西里斯作为衬衣穿在鲜提外，也有少数情况下是将鲜提穿在外面的。古埃及男子还穿一种白色罩袍，是由一大块面料做成的很大褶裥的贯头衣，胸部打褶，腰部打结，外形似披肩，这种装束只限于法老和高级贵族（图11-3）。

图11-1　穿丘尼卡的
古埃及女子

图11-2　穿卡拉西里斯的女子和
穿鲜提的男子

图11-3　穿丘尼卡的女子和
穿贯头衣的贵族男子

3. 配饰

早期的古埃及女子将头发扎成马尾，后来变成剪得方方正正的、齐下巴的长度，发丝是光滑的直发或编成很多股的小辫子。为了阻挡阳光的直射，古埃及人大多戴假发。统治阶级为了显示其权力，戴上无边软帽、王冠或精致的头饰，如蛇形冠饰或斯芬克斯的发型。

一般说来，古埃及人是赤脚行走的，只有贵族才有资格穿凉鞋。古埃及人的凉鞋又长又尖，以一根带子固定在脚趾间（图11-4）。项圈是古埃及服饰中的另一个重要元素，它是一种环形的领箍，作为一种装饰物戴在项间，同时起到防止阳光直射的作用。它通常是用皮革、金属、织物或植物做的，涂上鲜艳的颜色，有时饰以珍贵的宝石（图11-5）。

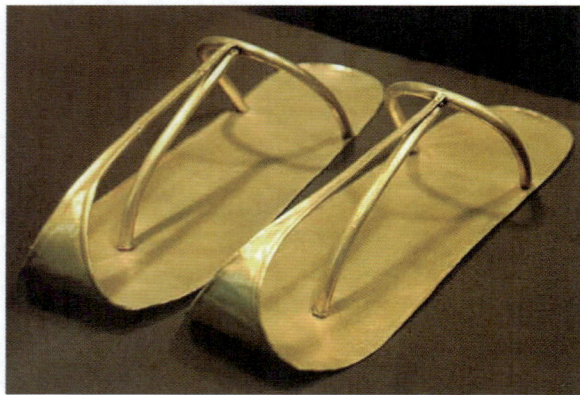

图11-4 古埃及凉鞋

图11-5 古埃及的护领

古埃及的男女都戴各种各样的首饰，如项链、手镯、脚链、耳环、戒指、腰带等。这些饰品都由金子做成，并镶嵌着宝石、珐琅和象牙。另外，雪花膏、口红、胭脂等化妆品也已在王宫中广泛使用。

二、两河流域服饰

位于地中海东部的中东文化起源于幼发拉底河和底格里斯河形成的地域，是与尼罗河并称于世的世界古老文明发祥地之一，被称为"美索不达米亚"，又称作"两河流域"（公元前3500～公元前600年）。两条河流定期泛滥带来肥沃的土地，中下游地区是冲积平原，上游是石灰高地，周围地域辽阔。受地理环境影响，两河流域在数千年古代文明发展中，产生了无数大大小小的战争，不同文明在此交错，与古埃及持续长久的盛世和平形成鲜明的对比。

在季节分明的气候条件和外来民族入侵的双重影响下，两河流域地区的服饰出现双重特点：一是传统的披挂式服装，二是出现了剪裁和缝制的服装。

1. 苏美尔服饰（公元前3500～公元前2000年）

早期苏美尔人无论男女都穿裙子，夏天穿较薄的裙子，冬天穿厚重的裙子，一般是由动物皮毛经过缝合而成，腰部系带，随着生产工艺的提高，羊毛织物逐渐替代了动物皮毛。特别是一种由羊毛流苏面料制作而成的裙子卡吾那凯斯（Kaunakes），又称作"苏美尔裙"深受人们喜爱（图11-6）。

披肩（Shawl）是苏美尔人最基本的上衣，由方形流苏面料制作而成，无论男女，穿着时都露出右肩方便活动。早期披肩的材料使用兽皮，后来开始使用纺织材料，而富贵阶层的面料更加华丽，色彩也更鲜艳。

在寒冷的冬天，苏美尔人会穿着御寒的斗篷，长至脚踝，包裹身体，女子用针将斗篷别在左肩固定，而男子则别在右肩。

早期的苏美尔男人喜欢剃光头，后来受到闪米特人的影响，开始留长发、蓄胡须。女子则留长发，最常见的是将头发编成辫子在后脑勺盘成发髻。苏美尔人也有丰富的首饰，手镯、胸针、耳环、头饰等都有出现。他们与古埃及人一样，一般赤足，只有贵族才可以穿着凉鞋。

2. 古巴比伦服饰（公元前2500～公元前1000年）

古巴比伦人继承了苏美尔人的服饰披挂式的特点，并且出现了缝制的服装，两者相结合，形成了古巴比伦服装风格。苏美尔裙在古巴比伦仍旧流行，与古埃及相似的紧身长袍丘尼卡也有出现，通常是长至脚踝、短袖、套头穿着，但需要缝制，冬天寒冷的时候还会穿两层丘尼卡，女子着装时通常在腰间系腰带。

披肩与斗篷在古巴比伦流行。披肩与苏美尔人的披肩类似，随着人们越来越富有，披肩上的图案、刺绣装饰也越来越华丽。斗篷则与苏美尔人的有所区别，斗篷面积很大，通过缠绕和披挂包裹着身体，类似袈裟，一般是国王或者神职人员穿着。

古巴比伦人非常重视自己的头发，无论男女都留着卷曲的长发，男子还会把胡须修剪成方形并烫成卷曲与发型相呼应。女子一般编发盘髻，并用发网、围巾或者头巾遮盖头部。古巴比伦人一般是赤足的，贵族阶级穿着皮革制作的鞋子（图11-7）。

3. 亚述服饰（公元前1000～公元前600年）

亚述人继承了古巴比伦的服装样式，但更为紧身合体，丘尼卡和披肩是主要服装款式，贵族阶级开始穿着亚麻面料，但羊毛织物仍旧是最为重要的服装面料。此时男子的丘尼卡长度及膝，腰间系带，腰带上有代表阶级的装饰物；士兵腰带上配有武器；女子的衣身袖子比男子长；贵族的衣身长度至脚踝。披肩则比古巴比伦时期的窄许多，在丘尼卡外面穿着流苏的披肩，富裕阶层的披肩常布满刺绣，并装饰

图11-6　身着苏美尔裙的神庙监管人像

图11-7　古巴比伦人着装长至脚踝的短袖丘尼卡

图11-8　古亚述人着装

有黄金和贵重宝石。公元前1200年颁布法律，强制自由妇女和已婚妇女外出时佩戴面纱，中东地区将这一风俗延续至今。

亚述男人必须留卷曲的长发和胡子，女子则为长发编盘于头上。他们还非常喜欢黄金、白银或贵重宝石制作的配饰。除了凉鞋之外，还出现了带后跟的鞋子和不露脚趾的鞋子、靴子等（图11-8）。

三、古希腊服饰

公元前800年开始的古希腊文明（公元前800～公元前100年）和之后的古罗马文明一直被视为西方文明之源，二者所创造的政治、经济、科学、艺术、哲学、宗教为西方世界留下了璀璨的遗产，其服饰理念对之后西方服饰有着深远影响。古希腊文明是由大海带来的，亚热带的地中海和爱琴海，形成复杂的海岸线，这里气候温暖，阳光充足，适合饲养绵羊、山羊等牲畜，人们还喜欢户外活动。古希腊文化中现实与理想、精神与肉体之间巧妙的平衡关系就得益于这样的地理环境，他们以自由的精神、批判的眼光、理性的分析探索一切奥秘。

古希腊人的服装也是宽松而舒适的，在和谐的比例中显示出一种自然之美。服装由整块面料缠绕身体而成，通过在人体上披挂、缠绕、束扎别针固定，形成自然的褶皱，呈现出服装的优美、简朴，男女的穿衣方式几乎是相同的，也没有阶级之分。服装的面料主要是麻质或羊毛质的，后来逐步被棉布所替代。鲜艳丰富的颜色与衣边的饰带都非常受欢迎。

1. 女装

佩普洛斯（Peplos）由一块长方形的羊毛面料做成。面料上端向外翻折后对折裹住身体，右侧的开口处只在腋下缝合，然后用别针或系带将面料在两肩点处固定。翻折部分一般垂至腰间或髋部，看起来就像是加了一件短外衣，增加了服装的层次感。这种衣服通常可以单穿，也可以在翻折的那一层外面或里面束上腰带，形成不同的垂褶（图11-9）。

希顿（Chiton）是一种用亚麻材料做的更轻盈的长外套。有两种款式，一种是多利安式希顿（Doric chiton），款式狭长而无袖，两侧缝边，从头部套下挂在肩上，手臂展开时衣宽至肘部（图11-10）。另一种是爱奥尼亚式希顿（Ionic chiton），从两肩到袖口间隔着若干个固定结点，用别针或细带系结固定，并且抽褶形成不同造型的袖子（图11-11）。

图11-9　佩普洛斯

图11-10　多利安式希顿

图11-11　爱奥尼亚式希顿

衣服上的褶皱有很多变化，可以是一条弧线，也可能是不规则的形状。最常见的希顿上配有一条或几条腰带，系在腰间、髋部、下胸围，形成很多层次的褶皱。后来，古希腊人将希顿作为内衣，佩普洛斯作为外套。

到公元前3世纪，古希腊人有了穿外套的习惯，一种叫希玛纯（Himation）的裹袍，是用一大块长方形的羊毛面料包裹住身体而形成的，有时候也将头包在其中。用料的尺寸是根据人的高度确定的，通常宽度与身高相等，长度为身高的2~3倍。包裹的方式完全由穿着者自己设计，非常自由，据称有1001种不同的方法（图11-12）。

2. 男装

男子也穿相当于女子的佩普洛斯的衣服，将一块长方形的羊毛布料挂在肩背上，在前面或右肩用扣针固定，长度在膝盖之上。

男式希顿是用腰带收腰的，长度也在膝盖以上。节庆的日子，教士与达官贵人就穿上长

图11-12　希玛纯

至脚踝的希顿，并将腰带系到下胸围线的位置。骑士、旅行者和士兵更喜欢穿克拉米斯（Chlamys），一种羊毛短大衣或者短斗篷，披法比较自由，可以用扣针将两端固定在左右肩或是胸前，便于行动（图11-13）。男式希玛纯有精美褶皱，有些人因为要节约或者体现衣着的朴素而不穿内衣，单穿希玛纯（图11-14）。

图11-13 穿希顿和克拉米斯的男子

图11-14 穿希玛纯的男子

3. 配饰

古希腊人只在旅行的时候戴帽子。有一种名为佩塔索斯（Petasos）的圆形宽檐毡帽是最受欢迎的（图11-15），佩戴时在下巴或后脑系带固定。男子还带一种用皮革或毛毡做的盔形帽。女子将头发盘成髻，用无边软帽、冠饰、饰带固定住。在特别的场合再包一块方巾，使发型更完美。

在街上，古希腊人都穿凉鞋，通常都很高，女子的鞋上有装饰。在家里，人们都不穿鞋。希腊人精美的首饰多是用稀有金属制作的。项链、戒指、耳环、冠饰、装饰用的别针、手镯等都用很细的金丝线加工而成（图11-16）。

图11-15 头戴佩塔索斯帽的猎人形象

图11-16 古希腊黄金花冠

四、古罗马服饰

在欧洲历史上，古希腊是古典文明的楷模，而古罗马（公元前500～公元400年）在继承了古希腊的文明成就后，将其在更大范围内发扬光大。古罗马在政府组织和城市规划方面取得了显著的进步。这个民族的自信，通过其奢华的生活方式与雄伟壮丽的建筑得到了体现。

古罗马建筑巧妙地将造型魅力与实际功用结合在了一起。在宫殿、剧院、渡槽、栈道中用到了桥拱和穹顶结构。这些大型建筑证明了当时不同寻常的技术水平。虽然古罗马的服装形式很大程度上是由限制个人表现的传统决定，但仍然能够从中明显地感觉到古希腊文明的影响。服装的外形有时稍显程式化，但是服装本身还是豪华、高贵、考究的。另外，服装也通过图案、色彩、装饰表明穿着者的社会地位。在这一时期，当权者根据人们的地位限定其服饰的色彩。一般的黎民百姓只可以穿单色的衣服，而朝廷官员们则可穿两种颜色。随着官位的提高，其服饰颜色的选择也更加自由，而王室成员的服饰则可达七种颜色。最初，衣服是用未经加工的羊毛织物做的，饰有镶边。后来，衣服上出现了更加鲜亮的色彩。总的来说，古罗马人更喜欢轻盈的棉纺织品和鲜艳的真丝织品。古罗马文明的优越感在豪华、富裕中得到了充分满足。

1. 女装

丘尼卡（Tunic）作为内衣穿着，长至地面，由两片面料缝起，留出袖窿和领圈，再将袖子另外装上。也有的是直接将面料剪成"十"字形，中间挖领圈，然后对折缝合而成。腰线较高，收在下胸围的位置，肩部用细带或别针装饰。它最初是用羊毛织物做的，后来也用棉、麻、丝等织物制作。

斯托拉（Stola）是根据丘尼卡的款式剪出来的，造型和古希腊的希顿也很接近。它衣身很宽，衣摆拖至地面，在里面要穿上一件类似现代文胸的无肩带的小内衣。腰带可以系在胸下、腰间或髋部，但是在特定场合也可以不系腰带。奢华的面料上常饰有珍珠、流苏、金珠片、刺绣。

古罗马的少女穿由胸围和内裤组成的内衣，式样简洁，颇似今天的比基尼（图11-17）。

在室外，女子穿一件大披巾帕拉（Palla），就是将一块长宽比为3：1的长方形羊毛面料绕在身上，盖住头。也有些人

图11-17 穿内衣的少女

图11-18　穿着帕拉的女子

喜欢把它随意绕在髋部（图11-18）。

天气不好的时候，就要穿上用粗羊毛或薄皮革做的圆形或菱形的带风帽的斗篷披奴拉（Paenulla），前面的开襟可以敞开也可以完全封闭。

2. 男装

男式丘尼卡在髋部或腰间用腰带固定，长度到膝盖以下。在一些宗教仪式上则长至脚踝。穿几件丘尼卡，一件件重叠的情况也不少见。有时饰以紫红色的缎带，不同系法代表不同的含义（图11-19）。

著名的罗马托嘎（Toga）是达官贵族穿的袍子，用大量的褶皱包裹身体，有时也把头包进去。这是一块半圆形的羊毛织物，长度可达三个男子的高度，宽有两个男子的高度（图11-20）。

图11-19　饰有紫色缎带的丘尼卡和托嘎

图11-20　穿托嘎的男子

后来出现了一种比托嘎更方便与舒适的绕体式服装帕连（Pallium），简单地搭在左肩，在右肩固定。

出远门或天气不好的时候，古罗马男子也穿上带风帽的短斗篷。

3. 配饰

外出的时候，女子戴一块头纱。考究的卷发上罩着一个金丝或银丝织的发网，用别针或圆锥形冠固定。男子的头发都修得很短。农民、工人、猎人戴无边软帽；

自由市民更喜欢窄边圆帽；上等阶级则用他们的托嘎盖住头。鞋子也可以区分穿着者的不同社会阶层，其风格由穿着场合而定。男鞋有几种类型，有凉鞋、皮鞋、高跟拖鞋、靴子等（图11-21）。由细皮做的女鞋上装饰很丰富。古罗马人佩戴各种首饰，包括圆锥形冠、戒指、手镯、脚链、项链、耳环等。这些首饰也是用珍贵的材料，如象牙、珐琅、珍珠做成的。左手无名指戴婚戒的习俗也是由罗马帝国最早规定的。

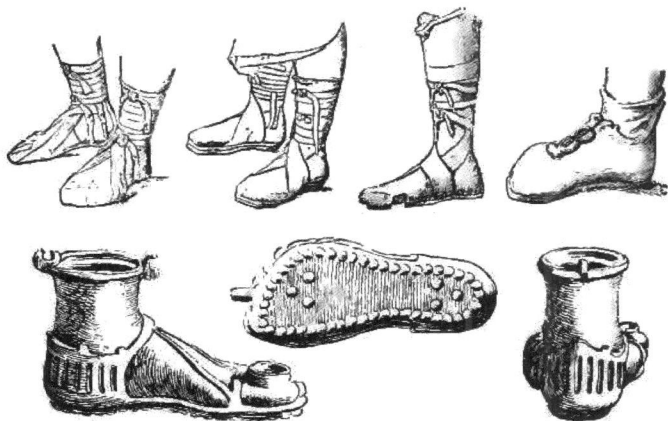

图 11-21　古罗马的鞋子式样

第十二章　中世纪服饰

395年，罗马帝国分裂为东、西罗马帝国。西罗马帝国很快就因日耳曼人的入侵而灭亡，而以拜占庭为首都的东罗马帝国延续了一千余年之久，史称"拜占庭帝国"。整个欧洲中世纪受到了基督教文化的强烈影响，这种以神为中心的社会环境中，人们苦于精神与肉体、理性与感性、理想与现实相克的矛盾心理，服装上也出现了遮蔽人体、否定肉体的现象。服饰的发展进入了一个"寒冬时代"。

一、拜占庭风格时期

拜占庭之名源于一座靠海的古希腊移民城市，324年罗马帝国皇帝君士坦丁一世将此选为皇帝驻地，并改名为君士坦丁堡（即今天的伊斯坦布尔）。395年，庞大的罗马帝国饱受各路蛮族侵扰，为便于管辖而将帝国分为东西两部，东部帝国以君士坦丁堡为首府。为了与同样自称为罗马帝国的神圣罗马帝国区分开，在1453年帝国灭亡后，西欧人将其称为"拜占庭帝国"。

拜占庭是古代东西方交通要冲、欧亚大陆的文化中心。拜占庭信奉基督教，同时吸收伊斯兰文化，并且保留了较多的古希腊、古罗马文化，形成了极具特色的拜占庭文化。从此，基督教成为封建社会的精神支柱，教会在文化生活，乃至整个社会中扮演了一个非常重要的角色，国王同时主宰着世俗社会与宗教社会。

拜占庭风格时期的服装（5～10世纪）延续了古罗马的宽衣文化，也融合了东方服饰的华贵多彩，呈现出绚丽的特点。男女服装样式差别不大，穿着方式由绕体式演变为缝制式，形成更加清晰也更为复杂的衣服结构。由于当时教会的权力高于一切，而基督教强力推行禁欲主义，受此影响，人们不得不按照法令限制自己的服饰。女子浑身包裹得严严实实，不暴露肌肤，不显出体型，呈现出遮蔽人体、否定肉体的现象。豪门贵族通过色彩丰富，饰有刺绣、宝石和珍珠的真丝、锦缎面料做成的衣服炫耀自己高贵的地位。至于普通老百姓，他们只能穿朴素的羊毛或亚麻布做成的衣服。

今天我们所看到的西方神职服装就是借鉴当年的拜占庭服饰演变而来的。事实上，在很长的一段时间里，皇帝和国王在加冕仪式上所穿的衣服都很像拜占庭的款式。

1. 女装

女子穿着的丘尼卡（Tunica）是古罗马时期流行的连衣裙，是基本的套头便装。长至膝盖或脚踝，袖子开始变得窄小，腰间系带，下摆两侧有开衩，衣服上增加了刺绣装饰，以丝绸面料为主。丘尼卡并不是专门的内衣，但做内衣时基本是白色（图12-1）。

普通的外衣是达尔马提卡（Dalmatica），形似"T"形，长及脚踝，穿着时不系腰带。后来它的袖口变宽，胸部多余的量被裁掉，显现出身型，长度也逐渐变短，以显露出里面的丘尼卡，并用腰带固定。拜占庭时期最具特色的外衣是外出的时候要穿一件圆环形的套头式、无袖、带风帽的披风，称为披奴拉，盖住上身，长至髋部。穿着时前面通常掀起，搭在肩上。王室成员穿着短斗篷希拉美，包住左肩，用装饰别针固定在右肩。

2. 男装

男子穿的丘尼卡也有长袖，衣长至膝盖或脚踝。它通常穿在短裤外，腰间系带。根据穿着者社会地位的尊卑，丘尼卡的长度、宽度、颜色和面料的选择都有严格的规定。

男子的达尔马提卡初期与女子类似，长及膝盖，后来袖子逐渐变窄，向便于运动的方向转化。

帕鲁达门托姆（Paludamentum）是一种环形或长方形裁剪的斗篷，由扣针在前面或右肩固定。袍子的胸口处缝上一块装饰面料塔布连（Tablion），就像中国古代官服上的补子，用以区分其社会地位。国王衣服上的"补子"是由金线织成的，饰有精美的图案，达官贵人的则染成紫红色（图12-2）。

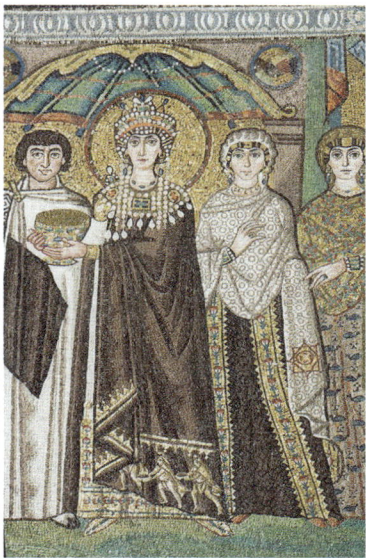

图12-1 提奥多拉皇后身披斗篷，右侧侍卫身穿有刺绣的丘尼卡

图12-2 查士丁尼大帝及随从内穿丘尼卡、外披斗篷

图12-3 披肩领圈

3.配饰

受东方文化的影响，男子一般穿长及腿肚的长筒靴，贵族女子穿镶嵌着宝石的浅口鞋。妇女的头饰以头巾为装饰，由简单的蒙头到复杂的巾帽。崇尚奢华的拜占庭人喜欢用稀有金属和珐琅制造，再镶嵌宝石和珍珠。贵族会在衣服的外面披上一件奢华但沉重的披肩领圈（Superhumeral），很像古埃及的护颈（图12-3）。大耳环、戒指和装饰别针也是常见的饰品。

二、罗马式时期

11～12世纪，日耳曼人在不断地扩张中吸取了古罗马文化、拜占庭文化，并结合了基督教精神，形成了南北方和东西方文化交融的国际性时代。这一时期的绘画、雕刻、音乐、建筑和文学都以宗教为主题，神性的宣扬抑制了人性的表达。

12～13世纪，骑士会在文化与政治生活中都扮演了非常重要的角色。由于生活方式的改善，服装显示出了更加世俗的特点，身体有了更多表现的机会。

罗马式时期（11～13世纪）的宫廷服装艳丽豪华，轻柔的麻布，上等的棉织品，天鹅绒、真丝、锦缎等高档面料都是其首选。丰富的饰品装饰着衣服的翻边和边缘。但是，在黑暗的中世纪，这些都是贵族们才享有的特权，普通百姓的服装却是受到法令的限制的。他们只能用染着暗色的、朴素的面料做衣服，既无装饰，也无饰品。

1.女装

早期女装由一件类似丘尼卡的宽大长袍布里奥（Bliaut）和一件衬裙组成。布里奥是长袖的，腰间束带，装饰手段也很丰富（图12-4）。逐渐地，外面的袍子变短了，线条也更接近于人体，而袖口变得格外宽大（图12-5）。服装的式样从以宽松式为主向以窄衣式为主演变。

12世纪后期，布里奥长袍的上身部分更加合体了，因为构成上衣的前后片是根据人体的腰部曲线裁剪的，然后在侧边或前面开衩挖气眼，穿着时系带收紧，显出人体的形态。长袍的裙摆拖至地面，底边镶一圈装饰带，硬质的饰边除了起到装饰的作用，同时也将裙摆撑开。低低的腰际线用腰带修饰。

图12-4 穿着布里奥
和斗篷的女子

图12-5 宽袖窄身的长袍

2. 男装

男子日常的着装是由衬衣、紧身裤、丘尼卡和大衣组成的（图12-6）。丘尼卡有圆领和方领之分，长至膝盖，穿在又宽又长的衬衣外。所谓紧身裤只是用细带子将两条裤腿绑在腿上，再用束在腰间的带子吊住。这种裤子有长有短，但没有裆。长大衣是一块长方形的布裹住左肩，在右肩用别针固定（图12-7）。

图12-6 罗马式时期男子的打扮

图12-7 12世纪男子服饰

在骑士会时期，也就是11～13世纪，男式服装与宫廷女子服装的差异非常小，但是它褶皱较浅，长度也不会低于脚踝。在长袖收腰衬衣外，穿一件稍短的无袖罩衣修尔科（Surcoat）。这种罩衣通常在前面或侧面开襟，有夹里，或在领圈周围饰有皮毛。裤子只作为内衣穿着。外面披上斗篷或披风。

图12-8　无跟尖头鞋

图12-9　11世纪镶嵌珍珠、宝石的金耳坠

3. 配饰

已婚妇女在公共场合必须用大衣或纱巾把双肩和头发包裹起来。长方形的纱巾垂至肩头，有时用头箍作为装饰将纱巾固定。后来，帽带出现了。这是一条麻布的带子，包住头和下巴。通常上面会再戴一个头冠。小女孩用金属或鲜花做的头箍装扮她们散开或编成辫子的头发。

最初，除了战争中的头盔，男子很少在头上戴任何饰物，后来他们戴上了无边软帽、类似头巾的帽子和有长长的尖顶的帽子。和小女孩一样，小男孩的头发也长至下巴，编成辫子。

当时比较流行的鞋子是高筒的露趾皮靴和高跟凉鞋。无跟尖头鞋在12世纪出现（图12-8）。

装饰物包括各种首饰、腰带、别针、链子、剑饰等，它们是用金子或珐琅制作的，饰以宝石、珍珠或玻璃珠（图12-9）。

三、哥特式时期

哥特式艺术是12～16世纪初期，欧洲出现的一种以新型建筑为主的艺术，包括雕刻、绘画和工艺美术。这种建筑风格一反罗马式厚重的半圆形拱门式样，广泛地运用线条轻快的尖拱券、造型挺秀的小尖塔、轻盈通透的飞扶壁、修长的立柱或簇柱，以及彩色玻璃镶嵌的花窗，造成一种向上升华、神秘天国的幻觉。反映了基督教盛行时代的观念和中世纪城市发展的物质文化面貌（摘选自《辞海》）。

教会与贵族阶级对文化生活的影响在中世纪初期还是很明显的。但是，与此同时，城市的建立和城市自由民的出现也是中世纪文化的特征。在欧洲，日耳曼帝国崩溃，从此，文化与政治世界都由法国主导。这时需要一种更加精致的艺术风格来表达新时代人们的理想。哥特式建筑风格就这样应运而生。哥特式大教堂有高耸挺拔的钟楼，似箭般向上的尖穹和精美华丽的花格窗。强烈的垂直分割线条塑造了一种整体向上的气势。这种风格很快影响到了服饰造型。

哥特式时期（13~15世纪）的服装虽然很繁复，有时甚至有些拖沓，但是总的来说，它们是优美而高雅的，色彩鲜艳，线条修长，腰部曲线得到强调。这个时期男式服装和女式服装的造型已经分道扬镳了。

14世纪以后，服装的变化速度是相当快的，这主要是由于商人和行吟诗人的出现。他们游走四方，将不同的服装式样带到各地。大约在1450年，法国勃艮第公爵的宫廷里出现了一种特别夸张的服饰式样。除了有怪诞的鞋子和帽子之外，勃艮第服饰的主要特点是破边：衣服的边缘剪成齿状，露在外面。当时还出现了夹层面料、菱形图案和作为装饰物的铃铛，还有一种杂色时尚，就是将衣服竖分为二，两边各用一种不同的颜色。

1. 女装

在13世纪，女子穿紧身收腰式连衣裙科特（Cotte），可以束腰带，也可以不束。裙摆很长，且有很多细褶，袖子是细长的筒形袖，也有一些袖口在手腕处张大。

到14世纪，女裙的上衣部分变得非常窄，并用一排纽扣收紧固定，领圈挖得较深，裙子从腰部以下到髋围还是合体的，从髋围以下开始张大，髋部饰以腰带。另外有一种肘袖也广为流传，它在袖肘处垂饰了一条宽约7.5cm的布带，另一头固定在背部。

慢慢地连体式袍服就明显地分为上衣和下裙两部分了。上身部分合体紧身的效果更加明显，上衣和裙子中间的衔接部分以腰带掩饰。无袖的外衣修尔科（Surcoat）很受大众欢迎，臂下的袖窿常常开到髋部，使腰部若隐若现，因此被叫作"地狱之窗"。它有时长至腰间，以毛皮饰边（图12-10）。豪伯莱德（Houppelande）是一种装饰性较强的外衣，也很流行。这种长袍有前开式的，也有套头式的，穿着时常佩腰带，它的袖子风格多样，但多饰有锯齿形或月牙形边饰（图12-11）。圆环裁剪的斗篷在前面用装饰针固定。

2. 勃艮第女装

在哥特式末期，女装的线条受建筑风格的影响被拉长，上衣出现了袒胸的尖领，腰际线抬高到下胸围线的高度，并以腰带修饰。裙子拖着长长的裙裾，上衣的前面常加装饰性面料莫得丝提

图12-10 无袖外衣

图12-11　穿豪伯莱德的女子

图12-12　勃艮第式服装

图12-13　普尔波万

（Modestie）和交叉式圆翻领。流行的袖子是非常小的管状袖，腕部呈大喇叭口。另外灯笼袖、长喇叭袖、肘袖等也很受欢迎。和今天时髦的女子追求纤腰、平腹的外形相反，当时的年轻姑娘都要在腰腹部加一个垫子，使自己看起来像个孕妇。这种孕妇造型的出现有一部分原因是受到黑死病的影响。14世纪中期，黑死病在马赛暴发并肆虐欧洲，五年内夺走了欧洲约三分之一的生命。大量的人口死亡使得延续后代成为迫切的愿望，这种愿望进而改变了人们的审美认识（图12-12）。

3. 男装

男子穿较短、较窄的丘尼卡，在前面有搭襟。衣服的前片、后片，腰部以下的下摆，长而窄的袖子都完全贴身。外衣早先长至腿肚，这时演变成了长至髋部的紧身短上衣普尔波万（Pourpoint）。它腰身很瘦，前面贴身，并用纽扣完全收紧，后片与下摆有很多褶裥，胸部与袖子的上部都有填充物，以塑造挺阔的形象，有时甚至夸张得有些过分（图12-13）。当时还流行竖到下巴底下的高领。喇叭口的袖子剪成锯齿形或叶子形的饰边，也有一些紧身袖只在手腕处张开。髋部系上起装饰作用的腰带。

随着外衣长度的缩短，下半身的穿着逐渐变得重要起来。男子穿起了紧身裤，将腿形完全暴露在外。紧身裤类似于今天的长筒袜，是用皮革或一种带有延展性的面料做的，并且常常是杂色的，两条裤腿也各一种颜色。早期的紧身裤是不连裆的，穿着时将裤腿系在紧身短上衣的后摆上。紧身裤的连裆处理在接近14世纪末的时候才出现，连裆较高，盖住肚子。

随着时间的推移，男子的紧身上衣变得越来越短。男式豪伯莱德通常两边开衩并束腰带，在腰间形成褶皱，竖领，灯笼袖和长而宽的锥形袖通常都开切口（图12-14）。当时还有一种借鉴了

"十字军东征"时骑士穿在铠甲外的大衣而做的背心式大衣，用两块长方形的布盖住胸背，垂至膝盖，甚至更长。

4. 配饰

已婚妇女将头发编成辫子或盘起，并且根据教义在公共场合必须把头发全部包起来，不得外露。除了冕冠形发饰外，很多头饰都很流行，如心形发饰、格子头纱等。在勃艮第式服饰中，帽子的作用是非常重要的。最典型的是一种叫"汉宁"（Hennin）的由一个或两个圆锥形的角组成的高帽子，帽锥上还要挂一块长纱（图12-15、图12-16）。帽子的高度代表身份的高低，最高的汉宁在1m以上，而最长的纱可以拖到地面。

长发男子的形象不再流行了，取而代之的是波浪形的卷发。在14世纪，最常见的头颈部装饰是服帖的风帽配以盖肩的护颈，顶上再竖一根羽毛之类的装饰（图12-17）。

中世纪末最典型的鞋子是波兰式鞋，鞋头尖且长。根据规定，贫民鞋尖长6英寸，而王子的鞋尖最长可达24英寸。过长的鞋尖往往妨碍行走，所以有时把它们向上弯曲，拴到膝下或脚踝（图12-18）。

图12-14 穿豪伯莱德的男子

图12-15 头戴汉宁的女子

图12-16 头纱

图12-17 14世纪典型的骑士装扮

图12-18 尖头鞋

第十三章 近世纪服饰

一、文艺复兴时期

文艺复兴是欧洲文化和思想快速发展的一个时期（14～16世纪）。16世纪资产阶级史学家认为它是古代文化的复兴，因而得名。最初开始于意大利，后来扩大到德国、法国、英国、荷国等欧洲其他国家。在14～15世纪，由于城市商品经济的发展，资本主义关系已在欧洲封建制度内逐渐形成，文化也开始反映新兴资产阶级的利益和要求。当时的主要思潮是人文主义，即反对中世纪的禁欲主义和宗教观，推脱教会对人们思想的束缚，打破作为神学和经院哲学基础的一切权威和传统教条。文艺复兴的普遍表现虽然是科学、文学和艺术的高涨，但由于各国的社会和历史条件不同，文艺复兴运动在各国都带有自己的特征。在意大利，诗歌、绘画、建筑、音乐取得突出成就；在德国，表现在宗教改革、农民战争、讽刺文学以及科学技术发明等方面；在法国，自由思想和怀疑思想相当发达；在英国，诗歌和戏剧达到空前繁荣。哥白尼、哥伦布、伽利略、但丁、达·芬奇、波提切利、拉斐尔、米开朗琪罗、拉伯雷、莎士比亚都诞生于这一时期（摘选自《辞海》）。

文艺复兴的来临，结束了黑暗的中世纪，政治的演变、工商业的发展、大城市的扩张、美洲稀有金属的汇集，这些带来了整个西方世界的富足。文艺复兴时期的服装与中世纪的服装截然不同，此时，强调服装的合体性与夸张的对比，突出性别特征。女装首次出现了紧身胸衣和裙撑，强调女性的身体曲线，形成了"上轻下重"的视觉效果；男性则相反，更注重上半身的体积感，形成了"上重下轻"的倒三角形。服装中的各个零部件，如领子、袖子、衣身，可以分别制作再重新组合，从此，服装的样式不仅与古代服装截然不同，也与东方服装造型相去甚远，开启了西方的窄衣文化时代。

受西欧各国国力消长和文化重心转移等因素，文艺复兴时期形成了各国时尚独领风骚的局面。主要的风格时期有：意大利风时期、德意志风时期、西班牙风时期。

1. 意大利风时期服饰（1450～1510年）

意大利是文艺复兴的发源地，服装的特色是从昂贵的面料开始的，如使用锦缎、天鹅绒等制作，并饰以缎带、花边和刺绣。出现了可拆卸的袖子，袖子从此开始独立剪裁、制作。

女装主要穿着在腰部有拼缝的连衣裙，衣领很大，袒露胸口；高腰身、衣长及地、袖子有紧身筒袖和一段一段扎起来像莲藕似的袖子，在肘部、上臂等多处有裂口，可以看到里面衣服。外衣是有华丽刺绣的曼特，高腰身、拖裾，有袖子，整个造型的重心放在下半身（图13-1）。

男子一般穿着长至臀底的短上衣、衬衫和紧身长裤，腰间系带，领子有圆领、立领、V领，后来上半身逐渐变宽，还出现了高领。外套是长及臀或膝盖的翻领大袍子或斗篷（图13-2）。

图13-1　意大利风格时期的女装　　　图13-2　意大利风格时期的男装

2. 德意志风时期服饰（1510～1550年）

（1）女装

这一时期人们不仅欣赏角度变了，体型本身也有很大的变化。人们越来越喜欢那些丰满的女性，用很多服饰把她们加工得更加肥胖而结实。与裙子分离的紧身上衣通常在胸前系紧，再饰一块装饰门襟。它的领圈有方的、圆的，开口都较大，可以看到里面的衬衣，衬衣上有精致的皱纹，领圈边以褶裥装饰。

连在袍子上的华丽的袖子是可拆卸的，因此也可以替换。借助饰带的作用，可以将它分成几节，并做出不同的造型。袖子上常以切口装饰，使里面的面料若隐若现。袖口饰有褶裥饰边，可以盖住半只手（图13-3）。

图13-3　德意志风格时期的女装

图13-4　开切口的裤子

裙子宽大而多褶，有裙裾，并通过横向的装饰物加强它的效果。为了炫耀自己的裙子，贵妇们在走路时故意将裙子提起。她们有时也穿饰满了刺绣图案的背扣式长衣，后来这种长衣也用来代替长裙。在敞领的上衣上会戴一个圆环形的高领护肩，以天鹅绒或刺绣真丝制作。今天，在某些农村地区的传统服装中，我们还能看到这种系带上衣、护肩和围裙。为了御寒，她们还穿一种敞领、切口袖的又宽又长的大衣。

（2）男装

男子穿着紧身短上衣，长度到髋围，里面穿一件袖腕和领圈打着精致褶皱的衬衣，外面套一件长度到膝盖的大衣。有时大衣直接穿在衬衣外，大衣下部打褶，有时敞开至腰带的位置，可以配上高领。紧身短上衣和大衣都有可替换的巨大的灯笼袖，并且开切口，以露出里面对比色彩的夹里。在袖子的不同位置分段缚起而形成南瓜状的鼓起的造型。下半身穿着长至膝盖的肥短裤，并有中筒袜与之相连或缝在一起。长筒袜通常都固定在腰带上，由于流行杂色，袜子的颜色鲜艳而多变。

不久，受德国士兵军服影响，开切口的灯笼短裤变得非常时髦（图13-4）。裤子的前裆处有一个类似口袋的造型，里面甚至放填充物，目的是表现、强调身体特征，并起到保护作用。夏马赫（Chamarre）是一种色彩缤纷、有很多装饰的奢华大衣，配有多层的交叉式翻领，是典型的宗教改革时期服装。它常常饰以皮毛或整件都以皮毛为里，垂至脚踝或膝盖以上。通常是不用腰带、敞开穿着的。它袖子肥大，有其他开口放手。现在的西方法官和新教牧师都穿这种袍。

（3）配饰

饰以丰富的饰带和羽毛的平平的贝雷帽是文艺复兴时期男女最喜爱的帽子。它戴在一种与头部造型吻合的无边小圆帽之上。男子的头发都修剪成圆盖形，盖在头上，

不分头线。女子将头发盘起，并以金线或
银线织成的发网代替小圆帽罩在头发上。
这一时期最为流行的是两种鞋子：一种是
在尖尖的鞋头里填塞东西的尖头鞋；另一
种是平跟、鞋头又圆又宽的熊脚鞋，也叫
牛嘴鞋（图13-5）、这种鞋型的出现据说
是因为法国的查理八世国王多一个脚趾，
所以就定制了宽头鞋，后来逐渐流行。

图13-5 熊脚鞋

这一时期人们喜欢戒指、链子、徽章
式颈饰和风格烦琐的冠饰。在配饰上，女
子很喜欢在戴着手套的手上拿一块蕾丝手
帕，男子则喜欢戴宽宽的皮质腰带。

3.西班牙风时期服饰（1550～1620年）

（1）女装

女装的紧身上衣以高领为主，衣身用木条和鲸须加固，使上身部分更加扁平，
上衣的前身部分向下延伸为尖角或椭圆形的胸衣撑巴丝（Busc）。颈部戴着皱领，即
用卷曲的白麻或蕾丝面料做成环形的打褶领圈。而在苏格兰皇后马丽·斯图阿特
（Marie Stuart）的引导下，一种以浆过的蕾丝做的、在脑后成扇状撑起的领子"拉夫
（Ruff）"流行起来。这种竖起的形式像太阳的光芒照耀着它的主人，显示了穿着者
高贵的身份和至高无上的权力（图13-6、图13-7）。

图13-6 扇形领的西班牙式女裙

图13-7 圆皱领的西班牙式女裙

袖子以白色褶裥饰边，在手腕处收口，强调上臂的翼袖和飘逸的宽袖都很流行。长垂至地面的衬裙趋向圆锥形结构。服装史上第一条带裙撑的裙子就来自西班牙，裙撑是用软木枝做的。外面穿的罩裙已没有褶裥，前面张开，两面饰有各种点缀，为了使裙子的髋部撑起，在裙子里要垫上软垫。有时人们也穿直裁的裙袍。

（2）男装

这时的男式紧身短上衣更短、更紧，有夹层，并且衬有强调胸部肌肉的垫子。随着时间的推移，上了浆的皱领变得越来越宽，甚至变得巨大。后来干脆把它与紧身上衣分开，成为独立的一个部件。长长的灯笼袖有夹层，开切口且配以肩衬和浆过打褶的袖腕。有时在无袖紧身上衣上加两条可拆换的装饰袖。这一时期，男性服装上衣的宽度达到了极致，与下半身的紧身裤形成鲜明的对比（图13-8）。

另一种短裤从上部到大腿中部也是有夹层并开切口的，在腰间和裤腿部有带子系紧，前裆也有填充物。在裤子下面是包得很紧的长筒袜，用饰带固定（图13-9）。西班牙式披风是天鹅绒的，很短，配有高领或风帽。

（3）配饰

由于西班牙皱领很高，男子不得不将头发剪短，而女子则将头发小心地盘起。帽子很硬，窄边的小圆帽和同样有窄边的高高的毡帽是当时流行的式样。柔软的窄皮鞋常饰以精美的凹纹和图案，女鞋常是用锦缎或刺绣天鹅绒做的，配上厚厚的鞋底，这种高底鞋称为靴拼（Chopine）（图13-10）。

珠宝非常精美，尤其是戒指和项链。人们在腰间戴上金链子，在胸口垂着带流苏的长巾。精致的手套、装饰性的手绢和扇子也很符合当时人们的品位追求。

图13-8　大翻领外衣和紧身短裤　　　图13-9　开切口的短裤　　　图13-10　高底鞋

二、巴洛克时期

巴洛克是一种艺术风格的名称。"巴洛克"一词来源有二：一是葡萄牙文barrcco，西班牙文barrueco，意为"不圆的珠"；二是中世纪拉丁文baroco，意为"荒谬的思想"。18世纪末的新古典主义理论家用这一词语来嘲笑17世纪意大利的艺术、文艺风格，认为它背弃了生活及古典传统，从此"巴洛克"成为一种艺术风格的专用名称。它指17世纪受意大利影响的欧洲和拉丁美洲各国相类似的风格。其特点是一反文艺复兴盛期的严肃、含蓄、平衡，倾向于豪华、浮夸，在教堂和宫殿中把建筑、雕塑、绘画结合成一个整体，在这三方面都追求动势与起伏，企图造成幻象（摘选自《辞海》）。

17世纪的欧洲极为动荡，历史进入了一个重要的变革期。欧洲各国战争不断。其中既有宗教冲突，也有权利之争。17世纪上半叶，各国君主之间为了争夺欧洲的最高权力，展开了30年战争。然而，在这种社会变革、动荡不安、民不聊生的环境下，那些王公贵族却过着穷奢极欲的生活，建造各种宫殿和花园、举办宴会、听音乐、看戏剧、自助艺术创作等，在这样一个男性大显身手的时代里，必然产生以男性为中心的强有力的艺术风格，就是所谓的巴洛克风格。

17世纪初（1609年）荷兰摆脱西班牙的统治，建立了欧洲第一个资本主义国家——荷兰共和国。独立后的荷兰，资本主义经济发展迅速，成为17世纪前半叶欧洲的强国，取代西班牙掌握了服装流行的领导权。随后，在17世纪后半叶，由于"太阳王"路易十四推行绝对主义的中央集权制和重商主义经济政策，使法国国力得以发展，成为欧洲新的时装中心。因此，巴洛克时期的服装大体可以分为两个历史阶段，即荷兰风时期和法国风时期。

1. 荷兰风时期服饰（17世纪初~17世纪中）

逐渐成为世界中心的荷兰，在服装样式方面也慢慢地摆脱西班牙的影响，变僵硬为柔和，将锐角拉平为圆弧状，整体感觉从紧缚走向宽松，服装开始变得更加实用、市民化，此时也是男装现代化进程的开端。1628年，威廉哈维发现了人体的血液循环，引发了人们对紧身胸衣的思考，于是荷兰风时期女装抛弃了紧身胸衣和裙撑，呈现出圆润、丰满的造型。

（1）女装

荷兰风时期的女装变得宽松而舒适，上衣与裙子分体且比较短。敞开的领圈上装着蕾丝做的宽大的翻领。短而鼓起的灯笼袖在袖口饰有蕾丝花边，有时也以饰带点缀。裙子稍稍打了细褶，有拖裙，并且几层重叠着穿，体现女性的丰满和曲线美。装饰性的小围裙也很流行（图13-11）。

（2）男装

在实用和节俭观念的指导下，原来服装的填充物被取消了，外套变长，盖住臀部，肩部变成溜肩，裂口装饰仍在使用，露出衬衣，袖口装饰着蕾丝花边或露出衬衣。大约在1615年，原先僵硬的拉夫领日渐衰落，取而代之的是一种布上浆的柔软下垂的大翻领，由蕾丝做装饰。裤子由原来的裤袜式转变为半截裤，开始变得宽松，长及膝盖，用吊袜或缎带扎口。1640年后，裤子逐渐变得更长，长至小腿，这便是欧洲最早的男长裤（图13-12）。

2. 法国风时期服饰（17世纪中～18世纪初）

继荷兰风后，17世纪中叶，法国逐步取代了荷兰的时尚领导者的地位。当时的法国经济繁荣，艺术昌盛，特别是1672年创办的《麦尔克尤拉夏朗》杂志，把法国宫廷的新闻和时装信息向公众传播。用铜版画绘制的时装画也在这个时期出现和流传。也就是从这时起，巴黎成为欧洲乃至世界时装的发源地。

（1）女装

随着法国时尚的来临，腰部开始被收紧，加固的胸衣撑在腹部并向下收成尖角，胸前用几层蕾丝装饰。袒胸的领圈饰以花边，短袖上装了阔花边袖口，是由几层蕾丝荷叶边重叠形成的，穿在最外面的有裙裾的长裙是用和上衣同样的面料制作的，裙子在前面开衩，并将两边翻起固定在两侧。后来，女子开始使用腰垫，置于裙子里面后腰的位置，使臀部形成翘起的外形。外裙的两边撩起，放置在翘臀上固定，因此衬裙是暴露在视线之下的。衬裙通常用与外裙色彩有较强对比的面料来制作，并饰以丰富的饰带、蕾丝和刺绣（图13-13）。

图13-11　荷兰风时期的女裙　　　图13-12　穿着长裤的汉密　　　图13-13　法国风时期的女裙
　　　　　　　　　　　　　　　　　　　　尔顿第一公爵

（2）男装

1650年前后，男装开始变得女性化，风格上受到莱茵地区德国王子的影响。它包括一件敞胸穿的短袖紧身上衣和一条长及膝盖的阔腿裤（Rhingrave），裤腰上有很多碎褶，裤腿宽大，外观很像今天的裙裤，穿着时膝盖以下部位以饰带系紧。衬衣上饰有刺绣和蕾丝，大量的面料堆砌在腰部、前臂和胸部。所有的衣服上都饰有很多饰带和环扣（图13-14）。

　　究斯特科尔（Justaucorps）是在1670年前后出现的一种齐膝收腰外衣。这种由锦缎做的紧身衣饰有金银饰带和金属纽扣。它的袖子有宽宽的翻边，可以露出里面衬衣的蕾丝荷叶边。上衣几乎把长至膝盖的肥大裤子完全遮住。在这件外衣里面，穿一件裁剪相似的稍短上衣。随着齐膝紧身外衣的出现，大翻领被精美蕾丝做的襟边所替代（图13-15）。

　　（3）配饰

　　荷兰风格时期，一开始女性将头发拢在脑后披上亚麻或蕾丝头巾，后来流行将卷曲的头发垂在两侧。男女都会在他们齐下颌的发圈中点缀饰带和羽毛，也会戴宽边的毡帽。到法国风时期，女子的发型都经过精雕细琢，高高耸立的丰当什（Fontange）发型是一种用上了浆的蕾丝做成的管风琴状的发饰（图13-16）。男子戴三角帽和耸得高高的螺旋形发卷的假发。假发成为当时的时尚之物，而三角帽作为男帽一直流行了两个世纪（图13-17）。

　　至于男鞋，首先流行的是带蕾丝翻边的漏斗形靴子，随后高跟鞋也成为风尚（图13-18）。女鞋通常使用锦缎或花缎，带环扣，有可拆换的玫瑰花结或饰带作为装饰

图13-14　装饰有蕾丝的男装

图13-15　齐膝收腰外衣

图13-16　丰当什发型

图13-17　戴假发的路易十四

（图13-19）。另外流行彩色丝袜，以饰带束紧。男子和女子一样用华丽的手镯、项链和耳环装扮自己。长手套、手镯和手杖是时髦的装束中不可缺少的部分（图13-20）。

图13-18 高跟男鞋

图13-19 精美的女式高跟鞋

图13-20 戴长手套、拿手杖和戴三角帽的男子装扮

除此之外，扇子、美人痣也是女性饰品中的重要元素。而最有特色的就是贴面饰。它以薄绢和皮革为原料，经过染色和香料处理后，剪成各种形状贴在脸上，如同我国唐代盛行的面靥。

三、洛可可时期

洛可可（Rococo）的含义是"贝壳形"，源于法文rocaille，也称为"路易十五式"，指法国国王路易十五统治时期（1715～1774年）崇尚的艺术形式。其特征是：具有纤细、轻巧、华丽和烦琐的装饰性；喜用C形、S形或漩涡形的曲线和轻淡柔和的色彩。其影响波及18世纪的欧洲各国。它在形成过程中，曾受中国清代工艺美术的影响，在庭院布置、室内装饰、丝织品、瓷器、漆器等方面表现尤为显著（摘选自《辞海》）。

18世纪洛可可风格的出现标志着巴洛克时期的结束。艺术风格变得更加精美，姿态风情都更为雅致，并以矫揉造作的方式表现出来。

在建筑上，巴洛克风格的弧形线条被保留下来，但是演变得更加柔和、更加高雅，洛可可风格的本质特征体现在丰富而精致的内部装饰细节上，"过度"成了"高贵"的代名词。贝壳形的装饰和东方主题更受青睐。在服装方面与巴洛克时期也有所区别。洛可可以曲线趣味、不对称法则、崇尚自然和一种更轻柔优雅甚至有些轻佻的风格区别于路易十四时代那种热情奔放、盛大庄严的风格。染色均匀的华美丝绸上点缀着精美的图案和细致的刺绣。裙子异常宽大，饰有荷叶边、褶裥饰边、环扣、蕾丝和假花。粉色调的运用是这个时期的典型特征。

在洛可可后期，受英国富有田园趣味的自然主义影响，服装采用了一种更质朴、舒适、方便的风格。

1. 女装

在摄政时期（1715～1723年），人们反对路易十四那拘泥虚礼的宫廷生活，欧洲上层社会的女子开始流行穿飘逸、宽身的波浪裙。这种女袍通常选用色泽亮丽的绫罗绸缎制作，舒适而方便，在室内、室外都可穿着，也可作为旅行时穿着的服装。它或松或紧，柔软地垂在有裙环撑着的裙子外，在前面用带子固定。后面从领圈开始到两肩有一排琴褶，在画家华托的作品中，这种波浪裙被描绘到了极致，因此又叫作"华托褶"（图13-21）。

从1723年起，社会各阶层的女性几乎都穿着带有裙撑的裙子。一开始，裙撑是呈圆吊钟状，用木条或鲸须做成的撑架上盖着油棉布。后来裙撑开始向横款方向发展，形成了椭圆形，这种结构的裙撑变得特别宽，据说当时最高纪录横宽达到4m，穿着它必须侧身才能从门中穿过（图13-22）。

图13-21 华托褶

图13-22 扁宽型裙撑

除了裙撑，紧身胸衣十分流行，三角形的紧身胸衣在后背扎紧，低低的领口饰有褶边，胸腹之间的三角区饰有蕾丝、蝴蝶结或刺绣。袖口饰有蝴蝶结，层层的蕾丝从宽大的袖口中伸出。裙边装饰很丰富，在前面呈倒"V"形敞开，露出里面同样面料的衬裙。衬裙上饰有荷叶边、环扣花饰和鲜花（图13-23）。到了路易十六时期，洛

图13-23　蓬帕杜夫人法式裙

图13-24　波兰式裙

可可风逐渐褪去，1775年起开始流行穿露出脚的波兰式裙子，裙子在两侧和后面提起，紧身胸衣仍在使用，臀垫代替了庞大的裙撑将臀部撑高，让女性臀部突显（图13-24）。

2. 男装

男装在这一时期，一开始追求女性化的趋势，紧身外套长至膝盖，饰有高雅的镶边和方便的插袋，穿着时常常露出里面的长背心。衬衣前面露出蕾丝装点的门襟，袖腕露出宽宽的蕾丝翻边。为了使大衣和外套的下摆像女裙一样撑开，远离髋部，在衣服的下摆用鲸须和马鬃加固。天鹅绒的短裤长至膝盖，并配以白色的长筒袜（图13-25）。后来受到英国产业革命的影响，男装开始向实用主义发展，趋于简洁、朴素，去掉多余的量，衣摆也不那么向外扩张了，缓解紧束的腰身，走向实用主义。上衣外套在门襟腰围线处开始斜向后下方，是现代的燕尾服的前身，材质有昂贵的丝绸，也有朴素的毛料，外套里面会穿着一件背心（图13-26），通常背心前片用比较华丽的面料，后片则用平价的面料或里子制作，这也是西式背心的前身；下半身仍旧穿着紧身裤和长筒袜。这样的外套、背心、紧身裤的三件套形式，作为上流社会男子的社交礼服一直沿用到19世纪（图13-27）。

图13-25　追求女性化的男子服饰

图13-26　男式背心

图13-27　走向实用主义的男装

3. 配饰

这一时期，无论男女都喜欢佩戴假发，女子在她们精致的发卷上戴着蕾丝或插上羽毛、花朵。后来头发由装饰有饰带和花朵的高高的结构架支撑，形成高耸的发型。男子戴假发，两侧卷成螺旋形发卷。他们自己的头发都理到头顶包在发网里，或编成辫子垂在脑后。三角帽是一套完整的装束中不可缺少的元素。但是绅士们通常都把他们夹在腋下，而很少戴在头上。施有白粉或灰粉的头发是洛可可装束的典型特征，但是涂脂抹粉、化妆、假发都是上层阶级才能享受的。女子们偏爱刺绣面料做的尖头高跟鞋，并饰以可拆换的环扣和蝴蝶结（图13-28）。在室内，她们穿带刺绣的有跟浅口薄底鞋。男士则更流行穿带扣饰低跟皮鞋（图13-29）。当时女子们祖露的胸口只饰以简单的饰带或徽章形颈饰，但她们的衣服上、头发上却布满了珍珠和宝石。几排珍珠做成的手镯和钻石耳钉非常流行。扇子、手套、钱袋、手绢都是不可缺少的饰品。男子佩戴长长的表链。而长剑则是骑士服装的重要组成部分。

图13-28 尖头高跟女鞋

图13-29 男式扣饰皮鞋

第十四章　19世纪欧洲服饰

18世纪末的法国大革命和英国产业革命将原有的封建社会结构改变，欧洲开始逐步向资本主义和工业社会急速转变，与此同时先进的科学技术改变了人们的生活方式，也促进了服装业的迅速发展。宫廷不再是唯一的时尚主宰，新生的资产阶级、中产阶级也成为新流行的引导者。

一、新古典主义时期

古典主义是资本主义发展开始阶段产生的一种文艺思潮，以17世纪法国的发展最为典型，在欧洲曾居支配地位，对近代欧洲各国文学艺术的发展有很大的影响。欧洲文艺复兴后君主政体的民族国家开始建立，古典主义主张用民族规范语言、按照规定的创作原则（如戏剧的"三一律"）进行创作。崇尚理性和"自然"，以之作为创作的指导思想，以古代希腊、罗马的文学艺术为典范，甚至大量采用古代题材。古典主义具有现实主义因素，在一定程度上反映了当时社会生活的面貌，反映了反对封建专制主义和教权主义的斗争精神，但有较严重的保守性、抽象化、形式主义倾向。古典主义文艺延续到18世纪后期的资产阶级的革命时期，成为资产阶级反对封建专制、宣传民主主义的文艺武器。以浪漫主义为主的文艺思潮兴起之后，古典主义的历史时期即告结束（摘选自《辞海》）。

18世纪中叶，意大利发掘了赫库兰吉姆和庞贝两大古代遗址，这引发了人们对古代文化的关注。在艺术风格上，"矫揉造作"的洛可可文化开始向"朴素而高尚"的古典主义转变，使古希腊、古罗马纯粹、优雅的风格得以复活。由于这种古典主义表现的是18世纪后期至19世纪初期人们的审美立场，所以被称为新古典主义。

在督政府时期（1795年11月2日～1799年10月25日），女式服装开始向古典主义风格发展（图14-1）。这种风格所向披靡，一时间，细腻的白棉织物一统天下。在这之后的一个阶段，即法兰西第一帝国时期，法国革命所争取的自由、和平理想又受到了压制。服装再一次变得考究起来，宫廷式的奢华又在服装上得到表现，高腰的连衣裙用天鹅绒或重磅真丝制成。上流社会男子的服装起先较为朴素，用深色的毛料或皮革裁剪，后来逐渐变得浮夸。军装也在这一时期扮演着十分重要的角色。

1. 女装

古希腊式的连衣裙在督政府时期开始流行于宫廷和民间。这种白色面纱制作的宽松长裙基本造型特点是强调低胸和高腰身，腰节线提高到胸下，衣长曳地，衣袖多为短的泡泡袖，腰身、领圈和袖子上都抽了很多细褶。优雅的造型和流畅的线条如古希腊建筑中的立柱般优美、大气。后来，这种希腊式连衣裙样式不断演变，先是裙长开始变短，从衣及地面到露出脚踝，下摆开始变宽，并增加蕾丝装饰。后来还流行两种裙子叠加的穿法，在白裙外再穿一条质地和颜色不同的裙子。这种宽松的式样使欧洲女性暂时远离了紧身胸衣之苦（图14-2）。

图14-1　督政府时期服装

图14-2　1801年的服装式样

由于希腊式连衣裙都很轻薄，很多女性为此患了感冒，于是人们就在外面裹一条开司米披巾，起到御寒的同时又增加了女装的美感。除了披肩，女性在裙子外还会穿一件短夹克——斯宾塞式（Spencer），造型来源于男装，小立领，衣长仅到腰线，袖子瘦长，紧身合体。

2. 男装

大革命时期，男装趋向朴素，注重功能。革命者穿长裤表示对旧贵族那种及膝裤的改变。裤腿一开始长至腿肚，后来长至脚面，用穿过脚底的带子系住裤腿，并且配上了背带（图14-3）。这种高腰的窄腿长裤通常是用象征革命的红、蓝、白三色条纹针织面料做的。

图14-3　革命者的装束

大革命胜利后，随着第三等级统治政权的确立，以黑色为标志的第三等级服装占有了主导地位。深色的礼服配有立领、垂尾和窄长袖，慢慢地发展成为资产阶级人人都穿的燕尾服。这种衣服穿着时可以将两排扣扣起，也可以敞开，衣服的腰线有逐渐抬高的趋势（图14-4）。

背心是穿在衬衣外的无袖合体上衣。它与衬衣都是立领的。男士们在颏下系上大大的领结，宽腰带也是这个时期出现的。在外套方面，人们穿双排扣的长骑装，前片互相交叉。还有一种是肩部有多层披风式结构的长外套。无袖的斯宾塞式短上衣有时穿在燕尾服外。

3. 配饰

追随英式风尚的女子在她们精美的发卷上佩戴饰有造型夸张的羽毛的圆帽子；督政府时期和帝政时期的发型是希腊式的，或为波浪形卷发，或编成辫子，或在头后盘髻。也有人将头发烫成了罗马式，在头发上饰以装饰梳、冠形发饰、头箍、饰带和羽毛。包头巾、蕾丝头巾和仿古的盔形帽很流行，后来又流行一种系带软帽，帽檐包住脸，并用丝带在脖子上打结。男子留着乱发或卷发。两角帽逐渐取代了又高又圆的大礼帽。

图14-4 新古典主义时期男性典型穿着

图14-5 新古典主义时期的平跟女鞋

平跟鞋代替了高跟鞋，与朦胧的长裙搭配的是凉鞋。很多时候，人们更喜欢柔软的拖鞋，脚的大部分被裙子精美的面料遮淹。后来，当裙摆的翻边上升到脚踝的时候，鞋子就用交叉缠绕的丝带绑在脚上（图14-5）。男子穿软靴或平底鞋。当天气不好的时候，就套上鞋套。

二、浪漫主义时期

浪漫主义作为一种文艺思潮，产生于18世纪末19世纪初欧洲资产阶级革命时代。在文学艺术史上，浪漫主义与现实主义是两大主要思潮。浪漫主义善于抒发对理想世界的热烈追求，常用热情奔放的语言、瑰丽的想象、夸张的手法来塑造形象。浪漫主义作为一种基本的创作方法有其独立的意义，各国文学艺术创作自始就有这种创作倾向……它在政治上反对封建制度，在文艺上与古典主义对立，是资产阶级上升时期的意识形态的反映，有一定的进步意义（摘选自《辞海》）。

拿破仑战败后，欧洲各国在维也纳召开了重新瓜分欧洲领土的国际会议，试图建立一个欧洲新秩序，恢复法兰西第一帝国前各国之间存在的多种联系，以及各国的封建君主政体。在王朝复辟时期，人们对过去的文化的兴趣逐渐增加，这种兴趣在艺术和文化上表现得尤为突出。

在衣着上的浪漫主义与艺术风格不尽相同，这时期的男装矫揉造作，线条夸张，刻意打扮。而女装再一次回到紧身胸衣和裙撑的夸张时代，仿佛是封建贵族奢华装饰的回光返照。

1. 女装

虽然服装的风格变化了，但是人们还是在一段时间里保留了帝政时期式样中的长线条，窄而僵直的裙子长至脚踝，高高的腰际线饰以腰带，裙摆饰有荷叶边、褶裥和饰带，紧身上衣的领圈有一个蜂窝状的领饰，长袖的上部是鼓起的泡泡袖，前臂部分却是细长的造型（图14-6）。

1820年前后用紧身衣束起的腰线又回到了它正常的位置。长至脚背的裙子由几层衬裙撑起。上衣领圈较大，边上饰有多层叠合的圆形宽边。1825年前后出现羊腿袖形，上部由鲸须做的架子撑起成鼓状，从肘部到腕部是紧身的。后来出现了宝塔袖，与羊腿袖正相反，它是上部紧贴手臂，从肘部到腕部逐渐张大（图14-7、图14-8）。宽大的袖子、细小的腰身和膨起的裙子共同组成了所谓沙漏造型的效果。裙子饰有环扣、饰带、荷叶边和刺绣。

图14-6　1818年女
装式样

图14-7　1830年前后羊腿袖的女裙式样

图14-8　1852年前后宝塔
袖的女裙式样

1840年前后的裙子长及地面，最初只有一圈翻边的荷叶边，后来逐渐加多，达到数层。有时人们穿几层不同长度的衬裙，以达到使用荷叶边的效果。上浆的衬裙逐渐被马鬃制成的裙撑代替，后来又演变为金属、鲸须做的裙撑架。袖子又恢复了羊腿造型。衣袖的巨大造型适合展现流苏披巾和斗篷的效果。人们也戴三角形的大头巾，盖住头部和肩部。长袖或短袖的短上衣坎佐（Canezou）下摆塞进裙腰，皱领护住肩部，飘带垂在脖子后面。长而宽的袍子外加一件披风或短斗篷，以保护肩膀。

2. 男装

浪漫主义时期的男装主要由外套、背心、长裤组成。

外套是一件双排扣的短外衣，类似燕尾服或晨礼服。前片的下摆呈尖角或有一定弧形，燕尾部分由两片缝在后腰的长长的垂尾构成；袖窿打褶，形成泡泡袖。整体线条夸张，肩腰造作，腰身收紧，肩胸部因加入垫肩而向外扩张，还一度使用紧身胸衣来塑造身形（图14-9）。

过去贵族所穿的七分裤被彻底淘汰，男装长裤的裤腿窄且长，盖到了脚面，并且由穿过鞋底的带子将裤管拉紧，很像今天的踏脚裤，通常用浅色的针织面料制成。

背心则非常紧身，上有彩色的或刺绣的图案，有天鹅绒、丝绸、凸纹布等材质。

在改进绅士着装的运动中，男装旧有的花边蝴蝶结、白色丝袜等被视为多余，取而代之的是简朴的英国乡村绅士装束——白色亚麻衬衫、深色外套、白色紧身长裤。翼领和白衬衣的袖套都是这时出现的。这一时期男子穿着的大衣款式多样，有多层复式的直身大衣，有像加长的礼服的紧身骑服。同时还出现了一个新的款式帕勒托（Paletot）：式样宽松或修身，高领，纽扣只到颈部以下的位置（图14-10）。

图14-9　男子穿紧身胸衣的漫画

图14-10　穿紧身骑服的男子

3. 配饰

女子的发型是既多变又怪诞的。通常都要经过仔细的打点，包括盘起的辫子、螺旋形发卷或小发卷。头发上戴一顶典型的乡村式帽子，由麦秆、毛毡或面料制成，帽檐盖住脸颊，颌下系带，帽子上饰有鲜花、水果或环扣。随着裙子在19世纪30年代变得越来越宽和越来越短，人们的注意力集中在脚和脚踝上。色彩鲜艳的丝绸鞋与礼服的丰富性相得益彰，通常与腰带或帽子上戴着的飘逸的长丝带相匹配。它们有各种各样的颜色，包括"金丝雀黄""棕榈叶绿"和"棉花糖黄"。精致的蝴蝶结和玫瑰花饰增强了鞋子和脚的精致感（图14-11）。

男子白天和晚上都戴大礼帽，他们留烫过的卷发和颊鬓。男鞋的跟较低，以一排纽扣作为搭襻收紧，经常可以看到皮革与不同面料的组合（图14-12）。

图14-11　19世纪30年代的缎面平跟女鞋　　　　图14-12　拼接男鞋

一套完整的女装还必须包括手套、钱袋、遮阳伞、扇子和袖套等配饰。带坠饰的项链、长耳环、饰针、精致的皮带扣表现了当时人们的品位。在公众场合，男子外出要戴手套、圆柄手杖或雨伞。在首饰方面，他们更偏爱有长表链的怀表、领带夹和镌刻有徽纹的戒指。

三、新洛可可时期

1852年12月，法国进入第二帝政时期，拿破仑三世的第二帝政几乎摧毁了二月革命的一切民主成果，于是流行的主动权再一次回到了宫廷。拿破仑三世的欧仁尼皇后成为时尚的风尚标，路易十六时代华丽的洛可可风格再度复兴，因此这一时期的女装风格也被称为新洛可可风。在这个时代，理想的上流女子是小巧玲珑、温文尔雅的，这种女性美的标准使服装向束缚身体的方向发展，裙子沿用浪漫主义时期的膨大化倾向继续向横款发展，硕大的裙撑和紧身胸衣再次出现，服装再次脱离了机能性，成为撑架裙历史上最后的华彩乐章。

1. 女装

在新洛可可时期，圆锥形的超大的裙子是由巨型环状撑架撑开的。在增加了褶裥、荷叶边和刺绣这些装饰之后，这个圆锥体宽度变得更大了（图14-13、图14-14）。日装裙通常在上衣部分的前面有一排纽扣，配一个饰有花边的立领。晚装裙的领口开得很深，并且有丰富的装饰。宝塔袖上布满了褶裥、褶边和其他装饰，上臂较窄，从肘部开始张开。人们常在袖子里面装撑架，撑出袖子的立体造型。披肩、斗篷、大头巾、男式裁剪的西服上装都作为罩衣穿着。

图14-13　1865年的一个
试衣场景

图14-14　1858年裙撑环广告

1860年后，裙子由圆锥形变为前面较平坦的款式，从膝盖的高度开始张开，向后形成多褶的裙裾，女子髋部以上的线条由紧身胸衣勾勒出来，袖子又长又窄。裙子里面穿一种附加在后臀的后置式撑裙，外面的一层裙子撩起，固定在后面的裙撑架上，形成鼓起的褶裥。最后，还要用饰带、环扣、褶边和蕾丝在翘起的臀部做夸张的装饰。

1875年前后，庞大的裙子被修长的线条所取代，人们穿很窄的裙子，并通过竖条纹和明线在视觉上加强修长的效果。裙子的长度根据穿着的场合而有所不同。在日装中，宽大的裙子逐渐被淘汰。搭配女式衬衣穿着的掐腰女式夹克出现，与面料搭配和谐、色彩丰富而对比强烈的饰品运用很普遍（图14-15）。

1880年前后，裙子的后面又加了一块裙褶，使臀部更翘，被戏称为"巴黎的屁股"（图14-16）。

图14-15　1887年的女装夹克

图14-16　1887年的时装画

2. 男装

在这个时期，男式外衣由小礼服和燕尾服一统天下，黑色燕尾服配条纹长裤的打扮只在一些非常特别的场合才出现。黑色马甲配黑色燕尾服是典型的上流社会服装（图14-17）。

后来，人们更倾向于选择短上装和不那么拘谨的西服套装。窄腿的踏脚裤让位于高腰、宽松的条纹或格子裤。1860年前后，出现了用同样的颜色、面料做的长裤、马甲、西装三件套。

在大衣中，人们偏爱直裁的帕勒托（Paletot）款式（图14-18）。

图14-17　19世纪下半叶典型的银行家穿着

图14-18　直身大衣

图14-19　绣花高帮靴

图14-20　贵妇出门必备的遮阳伞

衬衣常饰有刺绣，用纽扣连在衬衣上的可拆卸的假领渐渐代替了立领和翼领。根据不同的装束，人们选择佩戴宽领带、细领带或是方巾。

3. 配饰

这一时期女帽的"BB"小帽（Bibi）风继续流行和变化。它们装饰性很强，在前额处压得很低或戴在脑后。仔细梳理的光滑发丝上，饰有精致的发网、珍珠、宝石、饰带、羽毛和鲜花。穿礼服和燕尾服时，男子们在中分、服帖的头发上戴高高的大礼帽。与三件套西装配套的是窄边瓜皮毡帽。配合夏装，则戴扁平的草帽。

真正时髦的女性还需要配一双中跟短靴，鞋帮长至腿肚，使腿不会暴露在外，鞋子上常饰有刺绣或贴花（图14-19）。搭配变得更短的晚装裙，出现了浅口薄底皮鞋。男子穿系带或扣扣的靴子，晚装的鞋子反而是平跟的。女子喜欢那些粗大的首饰，如巨大的坠子、耳环、装饰别针和由珍珠、宝石串起的手链。在室外，她们戴上手套、手袋和遮阳伞（图14-20）。男子们喜欢显眼的领带夹和袖扣。金怀表配有很重的表链。高雅的男子必须戴手套，携带圆柄手杖或雨伞。

第十五章　近现代服饰

一、近现代服装的开端

当法国大革命和拿破仑战争在欧洲大陆造成动荡的时候，在英国正酝酿着另一场真正的革命，这场革命就是工业革命。革命的意义在于使资本主义制度战胜封建制度而居于统治地位。工业革命虽然没有政治革命那样炽热，但它同样既是建设性的，又是破坏性的。隆隆的机器声改变了西方人的生活节奏、生活方式和意识形态，人类起步于新的起点。

进入19世纪下半叶，工业革命带来的余震进一步影响了生产方式的革新，促进了纺织业的进一步发展。1851年美国的列察克·梅里特·胜家（Isaca Meritt Singer）发明了具有现代雏形的锁式线迹缝纫机，1862年德国的乔治·米歇尔·普法夫（George Michael Pfaff）首次发明工业缝纫机。缝纫机的改良定型大大促进了服装业的发展，被誉为"继犁之后造福人类的工具"。在缝纫机革新的同时，1863年美国的巴塔利克（Butterick）开始出售纸样，使流行服装的样式从宫廷走向民间。这种纸样是后来规格化、标准化的量产成衣产业的基础。

在这样的背景下，高级定制时装产业应运而生了。1858年，英国人查尔斯·弗莱德里克·沃斯（Charles Frederick Worth）在巴黎开设了第一家高级定制时装店（Haute Couture），不久，他就成为法国欧仁妮皇后的御用服装供应商（图15-1）。这

图15-1　欧仁妮皇后和宫女们的服饰

个新产业得到迅速发展，到1895年，整个巴黎一共有1638个女装经营者，雇用了65000名工人。时装界因此而步入新的历史纪元，成为现代服装的开端。

19世纪末20世纪初，世界经济、文化、意识形态都在发生空前的变化，新的生产方式和新的生活节奏带来了各领域的革命。从这时起，人们在选择服装的面料、色彩和裁剪时，首先考虑的是穿着的场合，针对工作、运动、休闲等不同场景的服装类别开始出现。女权运动的悄然兴起，使女装呈现了一种更为方便和舒适的风格，体现了女性社会地位的改变。由于工业革命、法国大革命和资本主义社会的发展，男士们的生活社交场所发生了质的变化，他们摒弃了那些象征权威的夸张性的装饰过剩的衣服，开始追求衣服的合理性、活动性和机能性。到19世纪中叶，男装已基本完成其近现代化形制的演变，所以这一时期的男装没有出现大的起伏和创新，样式变化并不太大，朴素、简洁和正式的英式服装风格仍然在男式服装中流行。

在第一次世界大战前的这二十多年间，英国、美国、德国、法国等发达国家进入帝国主义阶段，欧洲各国的经济发展迅速，服装史中一般把这一历史阶段称作"美丽年代"。在这一短暂的和平世界里，最初人们仍然陶醉在华美服装的气息中，19世纪末，女式服装风格豪华而怪诞，主要表现在对面料的选择、裁剪方式和细节处理上。20世纪初的着装革命带来了从新艺术运动（1895～1914年）汲取的灵感清风：裁剪简化，色彩鲜亮，图案具有装饰性。这种艺术潮流试图将自然美与功能性结合起来，广泛应用于当时的建筑、室内装饰、家具和服饰中。柔和流畅的线条，从自然中汲取灵感的饰品，与材料相符的造型，这些都是新艺术的特征。

图15-2　吉布森风格女装

1. 女装

1890年起，女装进入从古典样式向现代样式过渡的重要时期。受新艺术运动影响，女装样式纤细流畅，呈现"S"形外观。女性穿上紧身胸衣，托高胸部，保持前胸平整，收缩小腹，包裹臀部，下摆呈自然张开的喇叭形长拖摆裙子，前面窄而平，褶裥都出现在后面的裙裾上，夹里与饰有褶边的丝质衬裙撑起了裙子的造型。从侧面看，挺胸收腹翘臀，呈现"S"形，故称S形样式。因美国插图艺术家查尔斯·达纳·吉布森（Charles Dana Gibson）常描绘这种时髦的着装，故也称为吉布森风格或吉布森样式（图15-2）。

S形样式有三个局部造型上的明显特征：其一是为了扩大裙摆量，用几块三角布纵向夹在布中间形成鱼尾状波浪裙；其二是羊腿袖的再次流行，袖子上半部呈泡泡状，自肘部以下呈紧身的窄袖；其三是高高的衣领，配以卷曲的发型和装饰繁复的帽子（图15-3）。

随着女装裁剪技术的发展，S形样式的开襟短上衣稍稍露出衬衣精致的细节。按男式西装外套裁剪的女式西装成为女子衣橱中的必备之品（图15-4），公主线型和很长的袖子流行起来，直身修长的大衣和长外衣取代了披巾、斗篷。

图15-3　S形样式女装　　　　图15-4　男装化的女装

S形样式流行了近二十年，紧身胸衣成为塑造这种流行外形的重要技术。这种人为塑造的形体曲线对身体有很大的伤害，它和中国女性的"三寸金莲"一样，是对妇女的一种迫害。不久，这种不健康的款式被改良。

1907年前后，法国设计师保罗·普瓦雷（Paul Poiret）推出直身的裙装，腰线逐渐上提至胸下，紧身胸衣加长至膝盖，衣裙狭长，较少装饰。随后，他摒弃了紧身胸衣，发明胸罩塑形，这成为普瓦雷对现代时装的重要贡献之一，这一革命性的改良奠定了20世纪流行的基调，从此腰部不再是表现女性魅力的唯一。普瓦雷一改统治了欧洲几百年的曲线服装外形，使直线重新获得统治地位，从而开启了20世纪现代服装造型线的雏形。

2. 男装

这一时期的男装基本构成仍为三件套形式。在户外和工作的时候，男子穿半紧身的西装三件套，前襟扣得较高。后来，它变得更加贴身，上衣的翻边也加宽。窄腿裤下摆有一翻边，裤腿烫出了一条中缝（图15-5）。白天，在一些正式场合，燕

图15-5　20世纪30年代的典型男性装束

尾服被有微弧垂尾的礼服所取代，配穿无翻边的条纹长裤。大衣是根据不同的西装套装选择的。人们喜欢华达呢风衣、短大衣和适合在各种场合穿着的乌尔斯特大衣。随着运动服装的出现，高尔夫球裤成为时髦的代表。

3. 配饰

女子喜欢将波浪卷发在颈背处挽成髻，然后戴上小帽子。后来流行较高的发髻，出现了借鉴18世纪英国画家庚斯博罗（Thomas Gainsborough）的画而做的帽子，饰有很多羽毛、鲜花、蝴蝶结和饰带。男子则根据不同的场合选择软毡帽、瓜皮帽、大礼帽和扁平的草帽。

进入20世纪后，裙子开始变短，女鞋的设计得到进一步重视，登上了时尚的舞台。露出脚脖的浅口皮鞋逐渐代替了日常服饰中常见的靴子。这种尖头鞋饰有弧形中高鞋跟，系皮鞋带。男子穿系带或扣扣的高帮鞋，或者套有鞋套的深色皮鞋。如果是配合晚装，则必须穿漆皮皮鞋。

帽子、手套、手袋是女子外出时的主要配饰。另外，夏天的遮阳伞和冬天的手笼都是不可缺少的。新奇的首饰、羽巾、扇子是晚装裙的必备配件。男子在上衣的胸袋中插上手帕，同时要戴手套和手杖。另外，人们喜欢炫耀用昂贵的材料做的领带夹、衬衣纽扣和袖扣。腕表就是在这个时期发明的。

二、第一次世界大战前后

1914年，第一次世界大战爆发。战争使原本生活舒适的欧洲大陆变成了硝烟弥漫、物资紧缺的战场，男人们的奔赴前线使女人们成为主要劳动力。女性开始走向社会，女装因此产生了巨大变革。裙长缩短，去掉烦琐的装饰，穿着更为舒适实用。战后，各国逐渐恢复经济建设，国家干预加速了工业化的进程，以美国为首的女权运动的风靡，促使女性工作范围扩大，公民权提高。越来越多的女性走入职场，加速了女装现代化的形成。

20世纪20年代，战后资本主义经济的复苏与文化的繁荣逐渐改变了人们的审美观。这是一个疯狂的年代，爵士乐代表了这个时期的疯狂和自我扩张；新艺术运动被以包豪斯学派为代表的功能主义、抽象造型所代替；现代传播媒介的作用，使得明星取代了贵妇成为众人仰慕的对象和引导潮流的航标；随着妇女解放运动的深入，普瓦雷服装的花哨风格越来越令人生厌，一种向男装靠拢的更为方便舒适的女装潮流悄然兴起。

在此背景下，法国设计师可可·香奈儿（Coco Chanel）敏感地捕捉到了当时的潮流需求，她大胆地将男友的套头针织毛衣改良成了开襟针织外套，并搭配宽松及膝的直身裙，首次将女人的小腿露了出来，这就是经典不衰的"香奈儿套装"的基本原型。她将男性气息引入女装中，创造了"男童式"造型：上衣掩盖胸腰曲线，裙子变短，抛弃紧身胸衣，穿吊带袜，剪短发。短发、平胸、直身是这一风格的特征，这样的装扮使女性呈现男孩般的外形（图15-6）。

战争期间，为了行动方便，女性开始着裤装，到20世纪20年代，随着女子运动热潮的兴起，长裤再度流行，当时出现了专门为运动设计的服装款式（图15-7）。这些服装在设计上首先考虑的是方便：使运动自由、轻便、舒适，并与季节相适应。渐渐地，这类服装不再局限于那些体育用品公司生产的传统款式。针织衫、泳装和旅行服装中开始出现了真正的设计，并以一种让人意想不到的方式将华丽与高雅融入其中。时装大师推出了沙滩装、登山装款式，他们不再仅仅为俱乐部的集会而设计，也开始为运动的便利而设计。

图15-6 可可·香奈儿与其设计的服装

图15-7 20世纪20年代的运动服装海报

1925年，服装设计师们让裙子变得更短，裙的腰线降低，且不再强调细腰身。当时具有代表性的女性着装式样是开了领口和袖口的套头衫，长至膝下，不带发卷的头上戴一顶深扣的钟形帽，帽檐遮到眼睛，脚穿浅口皮鞋。在同一时期，香奈儿首先为女性设计了白色丝衬衣与时尚的男式领带，并搭配上长裤，塑造了最典型的男孩式女装线条。女装的设计还借鉴了男装中的直身大衣和风雨衣。女装中的花边则失去了它几个世纪以来受青睐、贵族化的地位；帽子上的装饰物减少，帽檐上的花和羽毛都消失了。现代女装在这种模仿男性装束的过程中逐渐形成。

图15-8　舞蹈家索妮亚身穿维奥内夫人设计的裙子起舞

1927年是一场强烈的反历史时尚主义运动的开端，这场运动中最积极的莫过于维奥内夫人、朗万夫人和香奈儿小姐了。维奥内以其高超的斜裁技术而出名，并对合身裙进行了不懈研究（图15-8）；朗万夫人因其特别的刺绣运用和风格裙而闻名；香奈儿的闻名则是由于她通过合体的针织服装所表现出来的细腻、素雅和不受束缚的自由腰身，以及假珠宝首饰的使用和大量黑色的运用。在她们的设计中可以看到从古代服装中汲取灵感的各种褶皱和取代了普瓦雷式鲜艳浓重色彩的朴素色调。现代女装的形成从最初极端的否定女性特征向男装靠拢，逐渐开始"女性化"的回归。

三、第二次世界大战前后

1929年，美国纽约的股票暴跌，宣告了资本主义经济危机的到来。人们在战后刚恢复的生活又一次被破坏，妇女失业重回家庭，使得女装回归非机能性的优雅成熟的女性美。裙子变长了，腰线回到自然位置呈现细长的外形。

1939年，第二次世界大战爆发，整个世界再一次陷入了灾难的深渊。服装的发展也随之进入了一个非常时期。战争的破坏使得巴黎的高级时装陷入了困境。面料的匮乏和相关工业的停滞都与高级时装的创意精神背道而驰。不少设计师参加到战争中，但是留在巴黎的设计师们仍然在可能的范围内进行着他们的工作。

在战争的影响下，人们更青睐功能化和制服化的服装，从军服上得到启示而设计的具有男性特征的军服式女装也是在这个年代诞生的。甚至一向以生活雅致著称的法国小姐们在这时候也换上了宽肩的束腰外衣，下身穿褶裥裙或便于骑车的裙裤，斜挎帆布大包；帽子有的用报纸折成，有的用一条简单的头巾围成，有的则是用一小块罗纱做成的，材料简陋却仍有创意。不过，战争阴云笼罩下的巴黎已经不再是世界时装之都了。

1940年，法国大部分领土沦陷，战争中的法国一度中止了流行的发布，但远离战场的美国却在战争中创刊了杂志《时尚》（VOGUE），流行在这里继续。美国逐渐摆脱受法国设计师影响的局面，开始出现了一批自己的设计师，如纽约著名的设计师查尔斯·杰姆斯（Charles James）、在巴黎时装界享有盛誉的第一位美国设计师、美国时装界元老梅因布彻（Mainbocher）等。这一时期美国出现了许多时装组织，设立了时装设计大奖，美国开始对时尚产业表现出十足的野心。

1945年战争一结束，获得解放的巴黎就迫不及待地重新开启了多彩的时装舞台。"一战"结束后的和平，将女性领向了颠覆传统的简练的"男童式"造型时代，而"二战"后的重建却将人们引向了另一个极端——回归历史的奢华的女性美时代。那些厌倦了战争的爱美女士，更厌倦了中性的装扮。1947年，克里斯蒂安·迪奥（Christian Dior）适时地推出了后来被称为"新形象"（New-look）的"花冠"系列服装，以斜肩、丰胸、细腰、圆臀的造型，将优雅的女性曲线表现得淋漓尽致（图15-9）。他的设计以大幅的高档面料和细腻的女性线条满足了人们内心的渴求，开创了"迪奥"时代。1947～1954年，人们穿着的大衣无论收腰与否，款式都很宽大，紧身腰带代替了可怕的紧身胸衣来塑造纤细的腰肢。尼龙衬裙取代了传统的裙撑。至于晚礼服，无论是1900年式样的突出臀部曲线的鱼尾裙，还是第二帝国式样的下摆撑开的"新式"裙，几乎都装饰着丰富的刺绣。同时人们也开始爱上了介于晚礼服和日装裙之间的鸡尾酒裙。女士们戴着精美的配饰，手工刺绣或钉珠片的长袖手套，仿麂皮的手袋，开口皮鞋或路易十五式鞋跟的细带凉鞋，尼龙丝袜……一切尽显女性之美。

在经过了和平时代的建设后，1954～1960年社会上出现了一片繁荣的景象，各种社交活动又变得活跃起来。迪奥1948年推出的鸡尾酒裙结合了晚装裙的低领、裸肩与日间裙的中等长度，适合于各种社交活动，就像是专为20世纪50年代放纵的节日量身定做的服装

图15-9 "新形象"服装

（图15-10）。人们迷上了跳舞这种休闲娱乐活动，于是用裙撑支开的长长短短的鸡尾酒裙因其美丽又不妨碍双腿的自由摆动而受到了很大的欢迎。鸡尾酒裙穿着场合较为宽泛，与它相配的通常有一件外套，脱下外套可以完全展示出裙子的光彩。这样的流行趋势使得那些高档的面料有了用武之地，无论是挺括的塔夫绸、罗缎、粗绸，还是柔软的绢纱、天鹅绒和羊毛呢，都绣上了路易十五时期的装饰图案，极为奢华。

美国在1937年发明了尼龙，但是纯化学结构的合成纤维在服装中的真正使用却是在战后。聚酯纤维、聚酰胺、腈纶这些新材料可以使面料既轻薄又保暖，既牢固又易于保养，改变了服装的外观与重量，并且把家庭主妇们从服装的清洁与整烫工作中解脱出来。

时装杂志也在这时迎来了新的变化。很多优秀摄影师和画家都在那些高雅精致的时装刊物刊登自己的作品，从而使这些刊物内容更加丰富、更具有艺术情调。同时阅读时装杂志本身也成为一种时尚的行为。

1950年，巴黎时尚界开始投入反对"新形象"的战斗。巴伦夏加（Balenciaga）设计的裙子进一步变短，还出现了忽略腰线的宽松造型（图15-11）。1954年，71岁高龄的香奈儿女士戏剧化地宣告复出。尽管复出后的第一季服装以失败告终，但是仅隔一年，她就凭借宽松外套、一串串的仿珠宝项链、镶花边呢衣服等一系列新款式，与迪奥的"新形象"抗衡，并且成功地夺回了往日的声势。

图15-10　鸡尾酒裙

图15-11　巴伦夏加1958年创作的
娃娃裙

四、高级成衣的崛起

20世纪60年代时尚界发生了深刻的演变，"二战"后欧美各国回归稳定，人口剧增，使得新一代的消费群体应运而生。这一时期时尚潮流的话语权逐渐由这些新生代主导，一场规模空前的"年轻风暴"在全世界掀起。这一时期由于经济的飞速发展，越来越多的妇女开始参与社会工作，双职工家庭增加，普通百姓的生活也开始变得富足。在这种背景下，这些新生代表现出强烈的反叛心理，在社会价值观、艺术风潮、时尚审美等方面都掀起了反叛的风潮。随之产生了波普艺术、披头士、摇滚乐等新艺术形式。在服饰方面，出现了解放女性的迷你超短裙（图15-12），牛仔裤、夹克、穿衬衣不戴领带的装束最先在美国大学的男女学生中风行，成为"垮掉的一代"（Beat generation）的战斗制服。嬉皮士运动也在这一时期流行开来。参与者都是一些爱好和平和音乐的青少年，他们主张与原本所属的阶层决裂。他们将各个时代、各种文化的衣服配在一起，以这种混乱的穿着方式表现他们挣脱城市生活约束的决心。嬉皮装束还包括已经消失了一个多世纪的飘逸长发（图15-13）。

随着男女平权，解放妇女的风潮越演越烈。法国女性也在这个时期得到了选举权，她们开始要求解放，积极地承担社会责任，同样想成为她们自己身体的主人。舒适方便的长裤成为她们新的选择，始终保持沉默的裤装终于也耐不住寂寞，开始了一场不可逆转的革新。妇女穿裤装的现象早在20世纪初就已经出现。设计师甚至发明了运动型的灯笼裤，以便于骑车，但直到"一战"爆发后，裤装才被接受成为妇女从事社会工作时的装束，但在很长时间里，女式长裤在时装界是没有地位的，直到20世纪末的时候，女式西装、长裤才得到全社会各阶层的普遍尊重，这标志着人类文明前进了一大步（图15-14）。

图15-12　迷你裙

图15-13　嬉皮士装束

图15-14　伊夫·圣洛朗设计的黑色西裤套装

1968年巴黎的"年轻风暴"和"五月革命"运动达到顶端，带来了法国的罢工风潮，这给高级时装业带来了巨大的冲击。高级时装顾客开始大幅减少，使得许多高级时装店陷入赤字经营的境地，难以举办每年两次的发布会，因此许多高级时装店就此关闭。著名设计师巴伦夏加也被迫关上了他的时装店，"高级时装的末日"似乎就要来临了。而高级成衣业却在此时蓬勃崛起，从此进入高级成衣的时代。

出版业和通讯业的快速发展使多元化的时尚信息能够流传到各地，电影、电视和插满彩色照片的杂志中，到处都充满着时尚的形象，渗透着时尚的元素，当红明星也成为最新流行趋势的代言人。时尚不再是有钱人独占的领域，社会大多数阶层生活水平的全面改善，使得很多人都拥有了更多的服装。批量生产是唯一能以适中的价格提供各种类型服装的方法。服装生产厂拥有了越来越完善的机器，生产工具的改善直接促成了销售价格的降低。这一时期，专门为工业化生产而设计的服装款式开始出现，它们被称为"Prêt-à-porter"（法语：成衣），来自一个美国词语"Ready-to-wear"。而这些成衣款式系列的设计师有一个专门的称呼：成衣设计师（Styliste）。

高级时装由于受到其品牌形象的限制，不能照顾到所有阶层的潜在顾客群，开始丧失一个多世纪以来的优势，不再是西方社会女性时尚设计的唯一源泉。在高级时装业日益萧条的情况下，皮尔·卡丹（Pierre Cardin）和伊夫·圣洛朗（Yves Saint Laurent）率先开始大力发展一直作为高级时装副业的高级成衣线，成立了不再从属于高级时装的专营高级成衣店。自此，许多高级时装店开始纷纷效仿，高级成衣业逐渐发展壮大，并成立了高级成衣协会。1973年，时尚界商讨了一个新的规定，每年的1月和7月在老牌高级时装品牌展出他们的高级时装秀之后，分别在每年的3月和10月展出高级成衣秀。从此，仅面对小部分权贵展示的高级时装秀逐渐被面对大众展示的高级成衣秀夺去了更多的关注，高级成衣开始了其蓬勃发展之路。

五、时尚多元化

动荡的20世纪60年代带给时装界翻天覆地的变化，高级时装结束了其巅峰时代，高级成衣开启了新的篇章。到了20世纪70年代，叛逆的时尚逐渐失去新鲜感，随着经济的繁荣和科技的发展，时尚界进入了包容、大众、国际、多元化的时代。一直以三件套为经典的男装也开始追求细节上的变化，逐渐向休闲化、运动类探索，美国西部牛仔裤迅速流行于全世界。女装自此更是开始了变化多端的时尚风貌。

1. 东方时尚

20世纪60年代的"年轻风暴"带给西方许多陌生的东方款式服装，如阿拉伯长袍、日本和服等，这些带有浓郁民族风格的款式和面料，在西方掀起了一股东方热潮。一些亚裔设计师开始在西方时尚舞台崭露头角，将东方时尚带入了欧美时尚文化中。日本设计师高田贤三（Takada Kenzo）从20世纪60年代起远赴巴黎开始了时尚设计之路，他以东方人的观察视角和表达方式，把东方民族服饰特点融入西方服饰中。他利用东方服装的平面裁剪，打破过于平衡的设计理念，创造出宽松自由的时装风格。和服式的直线造型、宽罩衫、睡袍样式、东方情调的棉布、和服印花面料等元素构成了他独特的设计风格。这样独特的民族风格很快受到欧洲新生代消费者的追捧。三宅一生（Issey Miyake）不同于西方服装裁剪从人体出发的观念，他以日本服装裁剪从材料出发的理念进行时装设计。毫无偏见地运用面料让他在款式设计上有了极大的自由性，总是不断赋予人体新的造型。后来的日本设计师山本耀司（Yohji Yamamoto）、川久保玲（Rei Kawakubo）等都以东方文化为背景，摆脱西方传统设计理念和审美标准，将解构主义带入了时装界（图15-15、图15-16）。他们在20世纪80年代初推出的"乞丐装""破烂式"时装，更是颠覆了西方时尚界的传统认知，改变了西方的时尚语言，在世界时装舞台中占有重要的地位。

图15-15 山本耀司设计的女装

图15-16 川久保玲设计的女装

2. 街头时尚

20世纪70年代，随着朋克音乐的风靡全球，掀起了一股反传统的"朋克"浪潮。披头士乐队解散后，最早的"朋克"开始散落在国王大道上，他们主张通过冲击所谓"好的品位"来建立一种反时尚的文化。这些朋克青年通过他们的衣着、发型、装饰等外在形象表现出他们的特立独行。黑色皮夹克、故意撕破的衣服、骷髅图案、金属钉、别针、大靴子等元素成为"朋克"一族的流行符号。他们将对社会的不满情绪和思潮表现为一种时尚风格。

薇薇安·韦斯特伍德（Vivienne Westwood）可以称为历史上与"朋克"联系最紧密的时装设计师，被称为"朋克之母"，她成功地将这种街头时尚变成大众流行风潮。她抓住了"朋克"骨子里的叛逆本质，那种离经叛道、稀奇古怪、没有章法

图 15-17 街头朋克少年

的设计着实震惊了时装界（图 15-17）。

随着 70 年代"朋克"服装的流行，街头文化开始逐渐走进大众视野。到了 90 年代随着美国嘻哈说唱音乐在全世界流行，宽大的 T 恤或运动装、肥大的裤子松松垮垮地系在胯部、裤子长到拖地堆积在鞋子旁，"超大号"的着装风格逐渐成为时髦。

街头时尚发展至今一直备受年轻人的喜爱，它代表了年轻人反叛、追求自由的精神世界的寄托。它融合了世界各地不同民族的流行元素，任何出现在街头的文化艺术都可以称为街头文化，街舞、涂鸦、滑板族都为街头时尚提供了灵感。

3. 宽肩时尚

随着职业女性被社会接受和认可，女性需要更能证明自己地位和身份的服装风格。从 1979 年起，在法国的蒂尔里·谬格勒（Thierry Mugler）、阿兹蒂娜·阿拉亚（Azzedine Alaia），意大利的乔治·阿玛尼（Giorgio Armani）等设计师的倡导下，女性们再一次发现了西装套装配高跟皮鞋的好处。在女权主义者获得最初的胜利后，这种服装形式便成为职业妇女的典型着装。

20 世纪 80 年代初，乔治·阿玛尼推出了具有宽大肩部的女装，这种具有男装色彩的女装成为 80 年代女性最具代表性的着装（图 15-18）。垫肩塑造方而宽的肩形，使线条更硬朗。裙子也是直线条的或者包得很紧的，有时就是一条简单的筒形针织裙。总的来说，就是一个长而宽的上半身加一个小而窄的下半身构成的"Y"形线条，使女性看起来更加坚强有力。同时，其他象征力量的服装也开始流行，如宽肩夹克、男性风格衬衫，垫肩成为女性服装风格必不可少的配饰。直到 90 年代，垫肩才逐渐在女装中消失。

4. 牛仔时尚

20 世纪 80 年代，牛仔裤仍然是最受欢迎的休闲服之一，并且慢慢地渗透到职业装领域。80 年代初，黑色牛津布的出现再一次推动了牛仔服装的流行（图 15-19）。1983 年，牛津布

图 15-18 乔治·阿玛尼推出的宽肩女装

的价格从每米27法郎降到22法郎。弹性纤维与牛津布的结合，使设计师们可以制作出满足市场需求的弹力、贴身的牛仔裤。一些大品牌仍专注于传统经典的款式上，而另一些设计师已经开始进入更为特殊的领域。马丽德（Marithée）、弗朗索瓦·姬尔波（François Girbaud）、让·保罗·戈尔捷（Jean Paul Gaultier）等都对牛仔裤和牛仔夹克进行了创新设计。卡尔·拉格菲尔德甚至设计出了香奈儿风格的牛仔装。1986年，洗白的和破烂的牛仔装再次出现，并且与高雅的饰品搭配，形成强烈的对比。80年代末，很多品牌如拉克鲁瓦、范思哲等都在其二线品牌中推出了牛仔系列。

图15-19　20世纪80年代的牛仔装

5. 快速时尚

快速时尚（Fast Fashion）是指那些可以迅速填饱消费者的时尚欲望，无须花大价钱的潮流服饰。和传统的流行服装相比，快速时尚能够把流行趋势分析、设计生产、产品上柜这个过程压缩到很短的一个周期中，例如六周，甚至两周，而传统时尚走完这个流程需要半年左右。

快时尚品牌可以在多个国家和地区开设上千家门店，它们的成功可以归纳为五个因素。

（1）设计团队年轻化

庞大的年轻设计师群体，他们具有年轻人独特的创意与热情，经常到纽约、伦敦、巴黎、米兰、东京等时尚都市的第一线去了解女性服饰及配件的最新流行与消费趋势，并随时掌握商品销售状况、顾客反应等第一手信息。通常，一些顶级品牌的最新设计刚摆上柜台，快时尚品牌就会迅速发布和这些设计非常相似的时装。这样的设计方式能保证快时尚品牌紧跟时尚潮流。

（2）工厂灵活化

有些快时尚品牌有多家自己的生产工厂，从新款策划到生产出厂，最快可在一周内完成。有些品牌虽没有自己的工厂但是与独立供应商合作，这样可以降低成本，以维持平价策略。快时尚品牌有一个快速反馈机制，终端销售好的、供不应求的产品能迅速反馈到总部，经合理评估后将订单传到工厂，这样好卖的产品就会很快地出现在货架上，他们会有意控制一定的数量来促进消费者的购买欲望，将库存量降到最低。

（3）极速物流

在物流配送方面，快时尚品牌根据店铺所在地的地理位置，选择使用陆运或是空运的形式将产品以最快的速度运输到门店。

（4）上新周期短

为了让消费者赶上最新流行的脚步，快时尚品牌采取多样少量的经营方式，各连锁店每周一定会有新品上市，商品替换非常快。

（5）推广宣传

快时尚品牌不惜重金与明星合作、与知名的品牌推出联名款、限量版，引起排队抢购热潮的同时，提高了品牌的品质感和知名度。这些快时尚品牌使得时尚越来越大众化，普通消费者一样可以享受大牌设计师设计的产品，一样可以站在流行的最前线，享受符合他们消费水准的产品。

6.可持续时尚

近年来经济的快速发展和快时尚品牌的盲目生产，使得全球服装市场趋于饱和，服装产业过季库存堆积浪费现象日趋严重。联合国数据显示，纺织服装行业的总碳排放量超过所有国际航班和海运的排放量总和，占据全球碳排放量的10%，是仅次于石油产业的第二大污染产业。再加上海洋污染、地球变暖等问题越来越严峻，20世纪末就开始出现的可持续时尚，已经成为当今国际产业界、时尚界共同的话题和时尚行业新的风向标。

可持续时尚的表现形式多样，主要遵循3R1D原则，即指Reduce（减少使用）、Reuse（重复使用）、Recycle（回收使用）和Degradable（可降解）。我国的"再造衣银行"、韩国的"RE；CODE"、美国的"Looptworks"、英国的"Christopher Raeburn"等品牌都在库存服装升级再造、旧衣改造方面探索，并且取得了不错的成绩。我国的"李宁""探路者""特步""美特斯邦威"等品牌都推出了环保绿色的可持续产品，从取材环保、生产环保、服用环保三个维度全链条推动环保（图15-20）。在薇薇安·韦斯特伍德的设计中，环保材料也被大量地使用，以减少时尚产业对环境的污染。在2022年春夏系列中，品牌第一次做到了不采用任何原始合成材料，且98%的服装材料都是对环境低影响并对动物无残忍的。很多品牌和名人都开始明确拒绝皮草，也有很多纺织服装企业和科研机构在探索开发新的可重复使用、可降解、可再生的材料。

此外，时尚媒体也开始引导消费者，减少冲动消费，选择经典并且持久耐用的产品，"买少买精"，拒绝盲目追随流行风潮，避免过季即弃的消费模式。无论对于品牌还是对于消费者而言，"慢时尚"都已成为更受欢迎的时尚理念。

图15-20　李宁品牌2022年推出的植物染单品

第三部分

知名时尚大师

在那些被誉为时尚大师的服装设计师身上，我们能看到相似的特质：善于观察的眼睛、勤于思考的大脑、精于工艺的双手、不拘一格的灵感、打破成规的勇气和从零出发的壮志。他们改变的不仅是人们的衣橱，更是人们的生活方式；他们的成功靠的不仅是天赋，更是后天不懈的努力。

第十六章　中外设计师

一、罗丝·贝尔坦

1. 个人经历

罗丝·贝尔坦（Rose Bertin，1747~1813年，图16-1）于1747年7月2日出生于法国庇卡底区的一户穷苦人家。父亲早逝，在她十几岁的时候就被母亲送去当地服饰商巴比埃（Barbier）小姐那里去做学徒。然而她并不会因此怨天尤人，反而积极乐观、勤奋好学，很快就掌握了服装工艺和商业运作的诀窍。二十岁时，她跟随巴比埃小姐前往巴黎寻找新的机遇。

罗丝·贝尔坦有着明确的职业目标，她不甘于做一个平庸的小裁缝，想用自己源源不断的灵感创作出令人惊艳的独特作品。于是她转投服饰商帕热尔（Pagelle）小姐旗

图16-1　罗丝·贝尔坦

下，这是一个已经有一定知名度的公司，让她有机会结识她所向往的富有且尊贵的客户群。

她的才华和忠诚得到了沙特尔公爵夫人和朗巴尔亲王夫人的信任。1773年，她得到了这两位贵人的投资，开设了独立的时装店"莫卧儿王国"。1774年夏初，王后玛丽·安托瓦内特决定见一见罗丝·贝尔坦。沙特尔公爵夫人将这位年轻的姑娘引荐给了王后。罗丝·贝尔坦得到了王后的赏识，成为她指定的服饰商，宫廷贵妇们纷纷效仿。从此，人们都开始尊称她为"贝尔坦小姐"。

1783年她成立了以自己姓氏命名的"Bertin"时装屋，持续为以玛丽·安托瓦内特王后为首的法国宫廷以及欧洲其他宫廷贵妇提供源源不断的新作品。

然而，随着1789年法国大革命的爆发和随之而来的君主体制的瓦解，王室成员

或逃亡国外，或被关进了监狱，法国不再有她的客户群体。1792年7月，她带着4名工人和很多箱精美服饰，坐着马车逃往德国科布伦茨，之后又流亡到英国伦敦。她并不是一个让自己沉迷消极情绪、浪费时间自怨自艾的女人。她一辈子都很果断、大胆，在这段颠沛流离的生活中，她保持积极的工作态度，在伦敦开了间工作室，继续为德国、比利时和英国的贵族们服务。

1795年，她在侄子的斡旋下，得以安全回到巴黎，继续自己的时尚事业。然而，这已不再是她的时代。她不仅要忍受旧制度下的那些不良付款人和大革命带来的不可避免的后果，还要承受帝国战争给她造成的损失。这些战争首先让她无法继续为与法国交战的国家的王室和要人提供服装，接着害得她无法在这些国家追回欠款。1804年12月，拿破仑登基成为法兰西第一帝国皇帝，这标志着贝尔坦小姐的业务不得不全面终止。罗丝回到她在埃皮奈的家里，过上了隐居的生活，直到1813年9月22日离世。

2. 主要成就

罗丝·贝尔坦以自己出色的创作能力和社交能力，在以男性主导的时尚世界里为女性时装大师争取到一席之地。她被玛丽·安托瓦内特王后钦点为自己的"时尚大臣"，在路易十六时期被誉为法兰西王国第一时装商，并且将法国时尚的影响力扩展至整个欧洲上流社会。

她在1775年前后推出了"波兰式裙子"，用更加轻柔、流畅、舒适的服装款式取代笨重的鲸骨撑架裙，使穿着者更加自在、舒适。

她发明了"情感高景髻"，堆砌着各种饰品的夸张的发饰旨在表达主人内心的情感（图16-2）。

图16-2　罗丝·贝尔坦的作品

她是第一个把自己的名字当作品牌的法国服装大师，这一做法后来被其他设计师们效仿，一直流传至今。

二、查尔斯·弗莱德里克·沃斯

1. 个人经历

查尔斯·弗莱德里克·沃斯（Charles Frederick Worth，1825～1895年，图16-3）于1825年10月13日出生于英格兰东海岸林肯郡的一座小城，因家道中落，十一岁时就被迫放弃学业，到一家印刷厂做工。一年后，他离开了这个令人沮丧的地方，

图16-3　查尔斯·弗莱德里克·沃斯

前往伦敦，在位于摄政街的服饰店刘易斯与艾伦比（Lewis & Allenby）找到了一个学徒的工作。在那里工作的几年，沃斯积累了大量与时尚相关的知识和经验，对面料与服饰的兴趣日益增强。与此同时，他也熟悉了英国商业机制。因地处伦敦闹市区，沃斯常常抽空到国家美术馆去，流连在历代艺术大师精湛的作品面前，并研究各式各样优美的服饰。七年的学徒生涯对他日后的设计具有重要的影响，在他的各种华贵的设计中总把衣料的天然素质作为出发点。

不满足英国停滞不前的时尚，1845年，年仅二十的沃斯只身来到巴黎。在一家面料店做了两年伙计并且掌握了法语之后，他在巴黎纺织界最负众望的盖奇林（Gagelin）公司找到了工作，并且工作了十二年。该公司以经销高级丝绸及开司米成衣而著称，沃斯最初只是销售助理。当时，盖奇林是法国面料潮流的领导者之一，面对这种优势，身为助手的沃斯努力说服他们经营时装业务。不久，盖奇林公司果然开设时装分店，由沃斯主持设计，并大获成功。

1858年，不愿受到束缚的查尔斯·沃斯就自立门户了，沃斯和一位瑞典衣料商奥托·博贝夫合伙，在巴黎的和平大街开设了"沃斯与博贝夫"时装店。这家自行设计、销售的时装店，标志着服装设计摆脱了宫廷沙龙，也跨出了民间裁缝手工艺的局限，成为一门反映世界变幻的独特艺术。

沃斯热衷于为宫廷和达官贵人服务。1860年，他终于成为拿破仑三世之妻欧仁妮皇后的指定服装供应商，继而又成为奥地利的伊丽莎白皇后，即茜茜公主的服装设计师。不久，他的影响力就辐射到了整个欧洲，变成了最受欧洲宫廷喜爱的设计师，社会名流紧跟潮流，纷纷穿上了克利诺林裙撑。

沃斯的高级时装业到普法战争前夕达到其辉煌的顶点。他推出了紧身连衣裙，还掀起了波兰裙的热潮，膨胀的丘尼卡外裙显示了君主统治末期的风格。1870年战争期间，他的公司停业了，工作坊都改成了医院。随着德国人的临近他逃走了，不久他又回来了。战争并没有影响到他的生意。法国人又开始跟他订礼服来庆祝胜利，他又开始整天忙于工作。

克里诺林裙撑随着第二帝国的崩溃推出了时尚舞台，于是沃斯又推出了新的时尚：腰垫式裙撑，似乎是丘尼卡裙和波兰裙的折中。两条叠穿的裙子，一条直身而下或者打着褶裥，另一件堆积在臀部并用腰垫撑起，还有大拖裙。在他生命的尾声，和平街的那整栋楼都用做时装屋，雇员达一千二百多人，而他自己则搬去了叙雷讷。他的服装大量出口，远涉重洋来巴黎的美国太太以买沃斯服装为荣耀。而且他每星期都要为各式各样的舞会提供百余套舞会装。

沃斯的设计风格华丽、娇艳、奢侈，但是带有旧时代的遗风。他偏爱昂贵的面料和奢华的装饰，用料铺张，喜欢在衣身装饰精致的褶边、蝴蝶结、花边和垂挂金饰（图16-4）。严格地说在服饰审美观上，沃斯并没有摆脱古典主义的影响，表现了同工艺美术运动同样的一种"世纪末"的惆怅。他摒弃了新洛可可风格的繁缛装束，改变了当时流行的那种笨拙造型的硕大女裙，而使其线条变得优雅，前方减小隆起，夸张臀部和裙裾，这种新型的后置式撑架裙成为19世纪60年代的时髦裙式。不久，沃斯把裙子的支点从腰部移到肩部。他后来推出的克利诺林裙撑、羊腿袖、高腰紧身女装等无不来自画家凡·代克、庚斯博罗、委拉斯凯兹等的画作启迪，而不是现代大工业的形象。

图16-4　沃斯的作品

之后不久，沃斯就将生意交给两个儿子打理了，他知道，一个新世界的到来需要新鲜血液。沃斯的晚年在法国南部度过，1895年3月10日在他位于叙雷讷的家中离世，享年69岁。

他是高级时装业的第一人，他是时装世界的开拓者，他创造了他那个时代的美。沃斯被所有评论家称作真正的艺术家，一个有建树的人。他带走的只是过去，留下的却是一个良好的开端、一个繁荣的时代，时装界因为他的出现而步入历史的新纪元。一位服装设计师成为时尚的精神领袖，这确是史无前例。沃斯的风格成为那个时代的风貌，沃斯的豪华沙龙成为巴黎风雅的场所，沃斯成为摩登的发言人。

2. 主要成就

1851年，以伦敦"水晶宫"闻名的世界博览会上，沃斯为盖奇林公司设计的服装崭露头角，获得大奖。1855年的巴黎世博会为沃斯带来了第一个属于他个人的成功：一条根据他的设计图制作的、金丝线和珍珠刺绣的宫廷长拖裙获得了金奖。

1858年，在巴黎创业的沃斯率先想出了一个绝妙的点子：用他自己的面料设计原创款式，并根据客人的尺寸量身定制。他成立了第一家真正意义上的高级定制时装屋。在此之前，个人成衣匠偶有提及，但设计师以自己创作的作品营业却是历史的首创。他的第二个创新是，请有血有肉的真人担任模特，展示他的服装款式。沃斯认为，服装的静态展示总是缺少点精神。于是他沙龙里的服装就由他夫人玛丽·韦尔内一件件试穿，并走动展示。玛丽的穿着增添了设计的风采，成为巴黎女子竞相效仿的对象，她本人也成为世界上模特行业的第一人。他出售的服装上都有他的标签，并且价格远高于成本。原创款式、模特走秀、设计师标签……今天我们可以看到这三种发明产生了多大的效应。

1860年，在拿破仑三世的要求下，为了重振法国萎靡的纺织业，沃斯设计了克利诺林裙撑。1864年，时装界最轰动的事是沃斯废除了鸟笼式撑架裙，尽管此间裙长依旧曳地，腰节线很高，但整个服装造型线发生了重大改变。70年代，沃斯推出利用省道分割的紧身女装，这就是以后被称为"公主线"服装，腰节线降到了臀部。80年代，腰垫式裙撑成为流行式样，臀部凸起，成为一种俏皮的模样。晚年，他又推出16世纪风格的羊腿袖。

1868年，他组织了巴黎第一个高级时装设计师的权威组织：女装成衣与定制时装公会，也就是今天巴黎高级时装协会的前身。它既是贸易的联合体，也是行业公共关系与训练技术中心，是时装界最活跃的中坚力量。早在该组织成立之初，沃斯就为这个组织明确了宗旨："协会不只是缝纫艺术的研究，而是为装扮每一个妇女所需完成的一切创造、装饰的艺术。"一百年来，高级时装的发展现实，足以说明这个组织的重要作用。

沃斯被称为"时装之父"当之无愧。

三、保罗·普瓦雷

1. 个人经历

保罗·普瓦雷（Paul Poiret，1879～1944年，图16-5）出生于1879年4月20日，是巴黎中央市场地区一个呢绒商的儿子。他很小的时候就显示出了绘画的天分，对布料感兴趣，爱玩染布游戏。儿时种种失败的试验没有打击他的积极性，反而培养出他研究事物的兴趣，使他与服装结下了不解之缘。少年普瓦雷对文学、戏剧有着浓厚兴趣，不断寻找机会结识艺术家，也常常溜进时装发布会场，默默地欣赏当时的流行服装。稍长，普瓦雷到一家雨伞工厂工作，他收集起废弃的绢布片，试做了第一件东洋风味的服装。同时他开始绘制服装设计

图16-5　保罗·普瓦雷

图，他的设计被一位女服装师买去，并约定继续购买他的设计，这大大鼓舞了普瓦雷在这一领域发展的决心。他经过激烈的抗争，才让他父亲妥协，同意他从家族商店脱离。

十九岁那年，普瓦雷的才华得到了巴黎著名时装师杜塞的赏识，他被聘为杜塞的特约服装设计师。普瓦雷为杜塞设计的第一件作品，赤罗纱斗篷被销售一空，成功的事实促使普瓦雷更加刻苦地学习设计。这时普瓦雷的内心开始燃起了服装"革命"的梦想之火，杜塞也鼓励他大胆地在社会的大海里游泳，千万不能溺死。作为裁剪部的负责人，他学习了很多："我管理着一个技术团队，他们对技术掌握地比我好。"

1900年，普瓦雷参军了。复员后，他进入了位于和平街的另一个大品牌：沃斯。这时的沃斯公司已经交到了那位时尚大师的两个儿子——让·沃斯和加斯东·沃斯手中。保罗的创新设计与品牌的传统风格格格不入，也无法取悦那些贵族客户，这让普瓦雷感到力不从心。

在获得财务自由后，他决定自立门户，1903年在奥贝尔街5号开设了自己的时装店。他将在杜塞和沃斯那里学到的专业技能，和自己独有的创新理念融合，创立了一种鲜明的风格。这一时期他设计的礼服裙仍然严格遵守紧身胸衣塑造的轮廓：这种扭曲的线条和新艺术风格的曲线很相似。区别于复古的18世纪风格所要求的矫揉造作的精致优雅，普瓦雷推出了红色、绿色、紫色的时尚，与和平街让人产生审美疲劳的高雅但无趣的色调形成鲜明对比。

1906年，一场从内衣开始的革命取得了胜利。普瓦雷在废除了紧身胸衣的束缚之后，用一种更轻薄的松紧带内衣取而代之，他还在这种被称为紧身褡的内衣上加了吊袜带，固定长筒袜。紧身褡一开始都是黑色或者白色的，后来出现了肉色的，以及更多其他别致的色彩。随后，文胸出现了。这时，保罗·普瓦雷的设计开始从矫揉造作的S形中摆脱出来，趋于简洁、轻松，衣裙狭长，较少装饰。飘逸灵动的裙子将受力点从腰部提升到了肩部，让法国大革命后的新古典主义线条再放光彩。支撑点的变化对衬裙也造成了冲击。

1910年，东方艺术在法国大受欢迎。俄罗斯芭蕾一经推出就让整个法国上流社会激动不已，普瓦雷则将它融合到他的时尚中。他还大胆吸收了阿拉伯妇女服装的宽松、随和样式，修长的线条与优美的裥褶，使解放了的身躯和精致的丝绸共同产生一种优雅美感。他设计了裁剪非常宽松的大衣，衣服上的图案灵感来自伊朗的卡夫坦长袍；他的午茶便装则是借鉴日本和服的样式，丝绸面料上饰以刺绣，用大而低垂的和服袖替代传统西方的窄筒袖；为巴黎沙龙女子设计的便于运动的土耳其式灯笼裤，把多褶的裤子与西方的紧身腰带结合在一起，使从来不习惯穿长裤的西洋女子也为之惊艳（图16–6）。对于普瓦雷而言，东方风格不仅表现在服装、配饰中，

图16-6　普瓦雷的作品

也体现在奢华的金银丝提花面料和宴会装饰中。东方风格的盛行也自然而然地带来了对东方哲学和文化的推崇。

这位充满想象力的大师在1912年推出了饱受争议的"霍步裙"（又名蹒跚裙）。他把长及踝、臀部较宽的裙子下摆收窄，使着裙者无法迈出哪怕三英寸的步履，更无法跨上马车。尽管这种款式在行走时有诸多不便，但由于其造型简洁明快，并恰好适于南美传来的探戈舞步，时髦女子仍不惜用布条绑住自己的腿，以适应这种时尚。

普瓦雷的设计不仅风靡了欧洲，他本人也被美国报纸称为"流行的帝王"。整个欧美，普瓦雷的声望在第一次世界大战前达到了顶峰。然而，1914年第一次世界大战爆发，普瓦雷应征入伍，关闭了自己的时装公司，把自己的房产都改造成了诊所。

战后的世界政治经济出现了深刻的变化，巴黎时装业重新振兴起来。普瓦雷信心满满地重出江湖。然而，巴黎时尚界新人辈出，他的设计日益失宠，再加上他一贯铺张的排场，导致他先后三次宣告破产。

1934年一个阳光灿烂的夏日清晨，这位昔日的王者走进了巴黎九区的区政府，登记失业。1935年，普瓦雷患了震颤麻痹症，缠绵病榻九年以后，1944年，一代巨匠普瓦雷在巴黎慈善医院去世。

在新旧交替的年代里，对旧世界的眷恋与对新世界的期盼，交织在世纪初的西方人心里。对流行于维多利亚时代的紧身与烦琐服饰的抛弃，已经势在必行，普瓦雷敏感地看到了这一点。一改曲线统治了几百年的欧洲服装，开启了20世纪现代造型线的雏形。他的幻想与探索，正代表了两个世纪审美趣味的消长、交替和矛盾斗争。而他毕生的努力，也在世纪之交服装改革的历史使命中实现。

2. 主要成就

现代设计的基本原则是"少就是多"。这一理念就是保罗·普瓦雷在20世纪初提出的。他曾说："我致力于减法，而不是加法。"因此，西方服装史学家称他为简化造型的"20世纪第一人"。

普瓦雷和维奥内并为废除紧身胸衣的先锋，一反欧洲传统束腰、紧身的衣着方式，他的设计不再需要让腰际承受钢丝架的重量，人体曲线不再在服装上强调出来，给欧洲女性带来了一股自由的暖风，在西方服装史上是一次了不起的创举。

他的另一个成就是：早在1911年他就推出了自己的香水，是时装设计师中的第一人，比香奈儿早了十年，比朗万早了十五年。这在今天是一件顺理成章的事，但在当时却是一项革命性的创举，彻底改变了法国的香水业。普瓦雷将香水比作像奢华首饰一样令人着迷的馈赠佳品，并且将它与时装创作相结合，让它成为服装的自然延续。他的时尚霸主地位得到了进一步的巩固。

普瓦雷还向山寨品发起了进攻，他创立了"高级定制服装保护委员会"，得到了深受其害的同行们的拥护。他说："美国买手现在用的手段就是剽窃创意，入侵设计工坊。"

在他所投入的所有事业中，最感人、最有爱的非玛蒂娜学校莫属。1911年他创办了这所学校，招收了几个有艺术天赋，但是家里无力负担其专业学习的少女。这个机构最大的特色在于完全的创作自由。在一位女教员的带领下，这些女孩去植物园采风、在卢浮宫观摩、去巴黎的温室观察或者去乡村体验生活。在工厂里，她们观摩修色技艺和面料印花工艺。回到工作室后，她们就从这些田野考察中汲取灵感，进行创作。普瓦雷还开设了一家精品店，专门销售由他的学生们创作的地毯、纺织品、墙纸、花瓶、灯、瓷器等产品。柏林和费城的大商场里开设了玛蒂娜专柜，而在伦敦则开了一家特许经营店。由这位时尚大师亲自录取并培养的玛蒂娜学员们在成为母亲之后仍然对他保持着很深的感情。即便后来他的时代已经结束，普瓦雷依旧和她们保持着联系。后来他持续策划大量的项目来复制这一即便今天最先进的教学法都无法否认的成功经验，直到生命最后一刻。

四、可可·香奈儿

1. 个人经历

1883年8月出生的可可·香奈儿（Coco Chanel，1883~1971年，图16-7）原名加布里埃尔·香奈儿（Gabrielle Chanel），"Coco"是她少女时期在咖啡厅当驻场歌手时大家给她的昵称。12岁时母亲去世，父亲把她姐妹三人都送进了奥巴齐内的孤儿院。在这里生活的六年，她掌握了缝纫技术。同时，封闭压抑的环境激发了她的叛逆心理，小小年纪便下定决心要成为一名艺术家。

1901年，她被穆兰的一所天主教寄宿制学校录取，两年的学习使她的缝纫手艺更加精

图16-7 可可·香奈儿

湛。毕业后，她被安排到当地的一家服装店做店员，她精湛的缝纫技艺很快崭露头角。晚上，她还在一家咖啡馆做歌手，并因此而吸引了众多仰慕者。

与出生富贵的艾蒂安·巴尔桑（Étienne Balsan）相识相恋使香奈儿踏入了上流社会。然而她并不满足于做一只金丝雀，而想用工作来实现自己的价值。1910年，在艾蒂安资助下，她在巴黎的康邦街21号买下了一间店面，创立了"香奈儿时尚（Chanel Mode）"女帽店，开始了自己的时尚事业。香奈儿的女帽简洁、大方，尤其是硬草帽和圆顶窄边的钟形帽，受到上流社会时髦女郎的欢迎。1912年，《时装杂志》以完整篇幅刊载香奈儿的帽子，并由年轻的明星示范，使这位年轻而无名的小帽商在巴黎初露锋芒。

1913年，香奈儿在他的一生挚爱布瓦·卡佩尔（Boy Capel）的资助下，在法国南部的滨海胜地多维尔开设了第一家时装店。她只有一个信念：减轻女性从头到脚的负担。而她也在创作过程中逐渐确立了自己的设计信条：与众不同，出其不意，低调优雅，琢磨不透。

1914年7月28日，第一次世界大战在欧洲爆发，那些担心首都被轰炸的巴黎贵妇成群结队地回到了多维尔。战争的阴影并不妨碍多维尔的贵妇继续穿戴普瓦雷式的羽饰、长裙，以服饰的铺张来炫耀丈夫的地位。香奈儿就在这样的背景下，凭借敏锐的直觉，推出了自己的第一个女装作品。她借鉴了布瓦·卡佩尔常穿的运动衫的面料和裁剪，制作了第一套针织羊毛运动装，衣服线条宽松，不需要穿任何的紧身胸衣，身形隐约可见。这一时期的香奈儿用水手衣裤取代长裙；用质地薄软的内衣面料创作出诺曼底渔夫式的套装；把男装稍加修改，饰以一个恰到好处的饰针，便成为新颖的女装；从男装中寻找灵感；创造出第一款新泳装。据说，有一次天气骤冷，香奈儿借了一位马球手的针织套衫，因为衣服太大，她束上腰带，卷起袖子，看起来潇洒迷人。随后，香奈儿复制了这一装束陈列在橱窗里，很快就被抢购一空。

1915年，香奈儿决定在另一座名流富贾云集的海滨城市比亚里茨开设一家新店。卡佩尔借了一笔启动资金给她。这次，她的定位是高级定制时装。成功如约而至，订单疯狂增长，仅一年的时间，她就还清了借款，从而实现了财务自由。这时的香奈儿已经成长为一个有300名员工的企业主了。

1919年，可可将时装屋从康邦街21号搬去了31号：一个历史性的地址。她主张造型线简洁朴实，穿着舒适自如，色彩单纯素雅的风格。她的针织两件套裙装是时尚的代名词，她的小黑裙被誉为时装界的福特T型车，她的"5号"香水颠覆了香水制造产业。具有创造性的设计使香奈儿的时装业发展得如日中天，她是时尚界名副其实的女王，成功取代了原来称霸巴黎时装界的三巨头。

1938年香奈儿的盛名达到顶点，可是第二次世界大战偏偏在此时爆发了。1939

年，可可关闭了公司并宣布退休。"二战"结束后，迪奥的新风貌风靡全球，女性的花瓶形象再次占领了主导地位。

1954年，已经71岁高龄的可可·香奈儿，在别人该退休的年纪，突然戏剧地宣告复出。她要重建Chanel品牌，重振她在战前的光辉和国际声誉。然而她复出的首秀，被法国媒体无情批判，甚至有人指出这样失败的复出势必影响到Chanel香水的销量。好在，大洋彼岸的美国，她那些极简风格的优雅作品大受欢迎。时隔一年，她就凭她的新作——绦子镶边小套装搭配一串串的仿珠宝项链，成功地夺回往日的声势，与迪奥的"新形象"相抗衡。

1971年1月10日是一个星期天，也是一周中她唯一不工作的日子，她在丽兹酒店的房间里孤独地离开了人世。

香奈儿逝世后的十年间，Chanel时装的魅力曾一点一点地褪色，直到1983年，德籍设计天才卡尔·拉格菲尔德（Karl Lagerfeld）入主香奈儿公司，才有所改观。

可可·香奈儿凭着一己之力，在20世纪打赢了一场史无前例的女权主义战争：在一个男性主导的世界中，强势推出由女性设计师为女性设计的作品。她设计的不仅是时尚，更是一种风格；她打造的不仅是品牌，更是一种精神；她不只是一个女人，更是一个神话。

2. 主要成就

随着第一次世界大战的爆发，旧时代走向死亡，新时代带来的是自由和新的生活方式、新的穿衣方式。这个时代不需要花哨的服装，方便实用才是王道。可可·香奈儿将为她们推出顺应新时代的时尚。在香奈儿眼中，整体廓型和线条才是女性时装的重中之重。她觉得首先要清除所有多余的装饰，或者说，所有会破坏纯粹感的手段。

可可·香奈儿率先穿上男装，剪短头发，公然地"脱"掉帽子，躺在草坪上享受日光浴。这些行为在今天看来并无不妥，在当时却是属于公然向禁忌挑战。她桀骜不驯的行径带动了潮流，她本人的衣着举止亦为世风之源。她使晒黑的皮肤变成时髦肤色，从而改变了过去崇尚细白肤色的传统审美观。

1926年，香奈儿女士创作出了标志性的"小黑裙"，被美国《时尚》（Vogue）杂志誉为"时尚界的福特T型车"。那是一条黑色双绉绸无领长袖连衣裙，其设计既展现了当时大热的装饰艺术风格，又体现了香奈儿"Less is more"的极简主义设计理念。此后，黑色时尚与彩色时尚就在法国开始了拉锯战，最终以香奈儿为代表的黑色和假小子风格大获全胜。

这一成功的根本原因是她直觉准确地捕捉到了正在发生的演变：饱受战争磨难的法国女性已经开始习惯穿着黑色礼服参加各种活动，并且开始慢慢发现并欣赏黑色优雅、神秘的独特魅力；和彩色礼服相比，裁剪得体的黑色礼服没有年代感，不容易过时，能轻松化解物资紧缺、价格上涨给法国女性带来的窘迫。可以说，香奈儿女士和黑色是互相成就的，与其说这是创新，不如说这是一种顺势而为。正如她自己所说："我利用事件和机遇制造变革。"这一理念也贯穿了她的整个设计生涯，是构成她时尚革命者形象的关键因素。

1955年推出的粗花呢套装几乎是香奈儿的代名词，由一件半身裙和一件短外套构成。外套上有四个口袋，用首饰般精美的纽扣扣合。为什么要这么多口袋？很简单：因为当时很多职业女性抽烟，当她们在办公室的时候，不会带着包走来走去。因此她们需要有地方可以放香烟、打火机、手绢。两个口袋不够用。为什么外套的下面有一圈镀金链子？也很简单，为了增加面料的垂性。柔软的粗花呢更加舒适，但是垂性不好，所以加上金属链子能让衣服均匀合身。所以这不是装饰而是技术上的必要手段。Chanel套装每一季都会演化成不同颜色，还有百来种不同的变化。每年，从工坊制作完成的小套装有七千多套。

1957年，香奈儿推出了具有传奇色彩的米黑双色露跟凉鞋（图16-8）。这个新单品被媒体形容为"灰姑娘的新款水晶鞋"，而香奈儿女士自己将它誉为优雅的最高境界。这款鞋的推出在当时又一次颠覆了时尚的准则：在这之前，鞋子都是单色的，并且与服装同色。而香奈儿选择的这两个颜色除了百搭之外，还有更深一层的考虑。与传统的高跟鞋相比，这款鞋的鞋跟降低了，因此，鞋体使用接近肤色的米色，这样能在视觉上拉长并美化小腿的线条，而鞋头拼接的黑色不仅可以让脚看起来更加小巧，而且更加耐脏、耐磨。这款鞋完美展现了香奈儿女士的设计风格：简洁、优雅、舒适、实用。

为了让媒体能更准确地表述她的设计，她首创了媒体宣传手册，发给秀场的观众和记者。手册上，每条裙子都有编号，边上标明价格和设计意图。简而言之，就是某种导向性评论，把记者的活儿给干了，给他们做好现成的文案，让他们当天晚上就能通过电报向全世界发布。这一举措大获成功，其他设计师也竞相模仿，这也成为一种惯例保留至今。

香奈儿的设计与时尚本身的观念相悖。她始终都做同样的款式，只是一年又一年地加以改变，就像是一段音乐的主旋律变奏。她的作品表达了一个概念：女性的"永恒"之美，这成为香奈儿宝贵的品质。她是时装设计师中为

图16-8 香奈儿的作品

数不多，能走完艺术生命全程并永获成功的天才。她比其他设计师的艺术生命更长。"香奈儿就是时尚"，这不仅仅是一句广告台词，更是一个不争的事实。

五、克里斯特巴尔·巴伦夏加

1. 个人经历

1895年1月21日，克里斯特巴尔·巴伦夏加（Cristobal Balenciaga，1895～1972年，图16-9）在西班牙坎塔布里亚海边的小渔港吉塔里亚（Guetaria）出生了。他的父亲是巡逻艇上的一名水手，每年夏季西班牙王室前往圣塞巴斯蒂安度假的时候，他工作的巡逻艇都会为王室保驾护航。

西班牙贵族绚烂的华服为克里斯特巴尔黑白色的童年注入了色彩。随着海滨旅游的蓬勃发展，一到夏季来临，他就能在海边看到来自巴黎的精美时装。

1906年，他刚满11岁的时候，他的父亲因脑卒中骤然离世，让这个清贫的家庭雪上加霜。

图16-9　克里斯特巴尔·巴伦夏加

好在他的母亲是一个非常有天分的裁缝，在她的努力下，甚至建了个小工坊，帮人制作衣服。小克里斯特巴尔也就近水楼台先得月了。他母亲不仅教他缝纫手艺，还教育他要有家庭观念，要保持沉默，要对工作精益求精。

13岁时，他得到一位侯爵夫人的赏识，允许他在自己的衣柜里随意选择那些最美的衣服进行复制。他欣喜若狂，求知若渴地观察那些时下巴黎最棒的时装大师的裁剪和用料。同样是在这位贵妇的资助下，克里斯特巴尔开始进入服装公司做学徒。

1911年，他在圣塞巴斯蒂安的卢浮宫百货商场女装柜台做裁缝，从而开启了自己的职业生涯。他相信，机会是留给有准备的人的。所以，工作的同时，他刻苦学习法语，想要在时尚界获得成功，这是必不可少的。

1917年春，他与贝妮塔（Benita）和达妮埃拉·利扎索（Daniela Lizaso）这两位富商姐妹合作，在圣塞巴斯蒂安开设了一家时装公司。1918年9月9日，他发布了自己的第一个服装系列。他出色的天赋很快在上流社会口耳相传。1924年，他成立了自己的独资公司。他的时装秀吸引了西班牙王后和多位王室成员亲临观摩，好评如潮。

1927年，他开了第二家公司，名为"艾萨时装（Eisa Couture）"，价格更为亲民。好评如约而至。但是随着1931年西班牙第二共和国的成立和王室贵族的流亡，他公司原来蒸蒸日上的业务受到重大冲击，他事业前进的步伐被打断了。1935年，他重整旗鼓，在马德里和巴塞罗那开了新店。但是随着西班牙内战爆发，歌舞升平觥筹交错的好日子结束了。他决定远走他乡。在伦敦短暂停留之后，终于来到了巴黎。

1937年，他在巴黎乔治五号大道10号成立了以自己姓氏命名的"Balenciaga"高级定制时装屋。8月9日，他的第一个系列发布，非常高级的氛围，无法忽视的个人风格。仅靠这一场秀，克里斯特巴尔·巴伦夏加就被捧上了神坛，他被誉为精致简约时装界新霸主，返璞归真的预言家，他所有的教谕都将被当作金科玉律。

图16-10　巴伦夏加的作品

第二次世界大战爆发，他仍然保持神秘，专注于自己的工作和创作。他将战争的年代看作是命运带给他的考验，让他进一步提炼他的优雅理念。1944年冬，因为缺乏天鹅绒、罗缎、全丝硬缎、蕾丝等材料，他干脆没有推出任何服装系列。

战争结束，巴伦夏加的时装工坊重启。1947年迪奥的横空出世也没有削弱巴伦夏加的美誉度和国民度。这位征服者继续大步前行。1950～1958年是巴伦夏加创造力最旺盛的时期，他创造的远不止是一个个原创的廓型，而是一种真正的风格（图16-10）。然而，20世纪60年代伊始，时尚编辑们开始厌倦他的这种摒弃一切装饰的朴素美学了。

在这个时尚界发生翻天覆地巨变的时期，巴伦夏加深切地感受到，他所倡导的那种优雅已再无立足之地了。而对于大多数时装屋而言，定制时装已经变成是次要，或者接近次要的业务了。他对身边发生的这一切和街头文化的盛行深感痛心。1968年，巴伦夏加选择急流勇退，关闭了他位于乔治五号大道的公司，遣散了他的五百名员工。73岁的他回到了他已经离开了三十二年的深爱的西班牙。

1972年，他因心梗在哈韦阿（Javea）猝然长逝，极其低调地埋葬于巴斯克地区，那个带给他稳重内敛性格的他热爱的故乡。

多年后，在资本的运作下，品牌重出江湖，进入中国后，被译为"巴黎世家"，充满了法兰西贵族气息，几乎让人忘了，它的创始人是一个出生于西班牙小渔港的穷小子。

2. 主要成就

巴伦夏加是同辈高级定制时装设计师中少有的全能型选手，他的画稿生动优美，缝纫技术精湛，他的作品中展现出极致的低调和优雅。凭借对裁剪的绝对把控，对服装工艺学的深入研究，对廓型、比例、体态完美融合的不懈追求，了不起的巴伦夏加的作品可以与建筑相媲美。

他的创作都是从女性的审美和实用需求出发的，他的愿望就是当他的客人穿上他的作品都能变得更漂亮，感觉更舒适。他原创的茧型大衣、袋型连衣裙和娃娃裙都让女性的身体得到了自由。他对高级时装发自内心的膜拜，为业界树立了榜样，他是结构和塑形的顶级高手之一，技艺出众。他曾推出一件只有一条缝份的大衣，技惊四座。

面料在巴伦夏加的作品中也扮演着关键角色。为了能更好地塑造他特有的充满雕塑感、建筑感的廓型，他与瑞士的面料生产厂家合作，尝试推陈出新，开发新型材料，使面料具有更强的可塑性。为了不在创作上受限，他甚至放弃了法国政府的补助，拒绝使用法国制造商的面料。

很少把其他人放在眼里的香奈儿小姐评价他为"那个年代唯一真正的女装大师"，迪奥先生称之为"我们所有人的大师"，纪梵希把他誉为"高级定制时装界的建筑师"。巴伦夏加很喜欢说一句话："一位好的服装设计师应该在设计规划的时候像建筑师，调整造型的时候像雕塑家，选择色彩的时候像画家，整体调和的时候像音乐家，把握分寸的时候像哲学家……"直到今天，巴伦夏加的教诲依然令人信服。绝对的优雅来自细节、裁剪和美到令人窒息的纯粹的气质，这就是这位伟大的西班牙人留给世人的宝贵财富。

六、艾尔莎·斯基亚帕雷利

1. 个人经历

1890年9月10日，艾尔莎·斯基亚帕雷利（Elsa Schiaparelli，1890~1973年，图16-11）在罗马台伯河右岸出生。她出生在一个显赫的家庭，父亲塞莱斯蒂诺是东方语言和文学专家，林琴图书馆馆长，并且有罗马大学校长的头衔；堂兄是发现了帝王谷的知名古埃及考古学家埃内斯托；叔叔乔瓦尼是布雷拉天文台台长，天文学家，发现了火星上存在峡谷；她母亲玛丽亚·路易莎是在亚洲长大的，所以艾尔莎的血液里流淌着东方的因子。

这样的环境下，艾尔莎并没有成长为一个乖顺听话的淑女，相反地，她从小就是个叛逆乖张的

图16-11　艾尔莎·斯基亚帕雷利

"坏女孩"。

1914年，为了摆脱家里给她安排的未婚夫，她随朋友去了伦敦。在那里，她和自称为诗人、哲学家的德克罗尔一见钟情，在相识24小时后就登记结婚了。她从父母那里得到了一笔丰厚的嫁妆。之后，她随着丈夫四处参加研讨会，从伦敦到尼斯再到波尔多，最后漂洋过海去了纽约。没有稳定的收入，他们很快就要坐吃山空了。于是，艾尔莎开始做翻译，还做过电影的群众演员。1921年，她离婚了。

第二年，她带着女儿回到欧洲，在巴黎定居。新的生活开始了。在朋友的引荐下，她认识了很多巴黎的艺术家，并且和设计师保罗·普瓦雷结下了友谊。

受到普瓦雷和其他一些朋友的鼓励，艾尔莎开始做独立设计师，为一些小型定制时装屋工作。她感受到自己身上涌起了从来没有过的巨大能量，设计灵感源源不断。

机缘巧合之下，艾尔莎·斯基亚帕雷利认识了一位来自亚美尼亚的手工针织的高手，于是请她制作自己画的款式。几次试验之后，终于做出了令她满意的针织衫，两人因而达成了长期的合作。1927年1月，艾尔莎在自己的公寓里展示第一个系列作品。很快，她的作品就吸引了美国买手的注意，一下子向她定制了四十二件不同款式的针织衫。她作为时装设计师的职业生涯正式开启了。

她的作品充满艺术感，无法被模仿，很快为她赢得了大批忠实的客户，她的工坊也逐渐扩大。1928年，斯基亚帕雷利从大学路搬到了和平街，1930年从阁楼搬到了两个平层，1932年又拿下了第三个平层。1935年，她终于如愿搬到了旺多姆广场21号，与丽兹酒店、宝狮龙珠宝、尚美珠宝等奢侈品为邻。这时，她的公司已经拥有八个工坊，六百名员工。

1934年，斯基亚帕雷利开始推出香水，而她的每一款香水名字的首字母都是"S"，因为这不仅是她姓氏的首字母，也是成功的首字母。

1939年，第二次世界大战爆发，她的生意一落千丈。为躲避战争，她关闭了时装屋，前往美国。在纽约的四年里，她远离了时尚，参与各项社会活动，为纽约医院和红十字会血库工作，还组织各种音乐会和展览。

1944年，随着战争结束，她回到了旺多姆广场。然而，她的巴洛克风格不适合新的时代，她的魅力已经大不如前了。迪奥的新风貌所向披靡，斯基亚帕雷利试图跟上时代的潮流，然而，她的努力是徒劳的，她的礼服只能赢得老化的客户群体的欢心。

1954年12月13日，她宣布退休，关闭了她的时装屋。因而，她在2月3日的那场发布会也成了她的收官之作。

艾尔莎于1973年11月13日在巴黎安然离世。时尚与纺织博物馆以及费城艺术博古馆共同分享了她的遗产。

2. 主要成就

"香奈儿品位单一，但很高雅。斯基亚普品位多样，但是低劣！"毫无疑问，巴伦夏加的这句玩笑话说明了一切，高度凝练。香奈儿经典、低调、优雅；艾尔莎·斯基亚帕雷利则打破常规、脑洞大开、大胆疯狂，是公认的超现实主义时装大师。

艾尔莎不太会用缝纫机，也不知道怎么裁剪或者使用大头针，但是她不仅富有幽默感，对她的工作也充满敬畏之心。她很善于敏锐地捕捉时代的气息，并且创造了戏剧化的服装，以她实用的荒诞独树一帜。

20世纪30年代末，斯基亚帕雷利与艺术家萨尔瓦多·达利和让·科克托合作的几个著名设计，改变了时尚的面貌。服装不再仅仅是一件衣服。斯基亚帕雷利的抽屉口袋西装是对达利一幅著名绘画的再现，一件晚宴外套上刺绣的女人脸让人想到科克托的作品（图16-12）。这些衣服马上成为艺术品，而斯基亚帕雷利被认为是杰出的时装艺术家，将艺术和时尚完美结合。她的服装和首饰通常都能如愿地引起议论纷纷。手套作为配饰，在她这里扮演了

图16-12　斯基亚帕雷利的作品

重要的角色。手是超现实主义艺术家偏爱的主题之一。比如她会在手套的手指上绣上戒指，会在上面装饰蝴蝶，用红色指甲或者金色爪子突出手套。

达利的龙虾电话是众所周知的杰出的超现实主义作品。斯基亚帕雷利把它变成一个图案，用在全棉的沙滩装和真丝欧根纱的晚礼服上。1937～1938秋冬系列中，她和达利一起设计了一款高跟鞋形状的帽子。她还设计了一个电话形状的包，黑色天鹅绒上用金色绣上了圆形的拨号盘。

最早的有机玻璃手镯和耳环出自她的手笔。对于那些造型奇特的首饰，她赋予了一个美丽的名字"旅行首饰"，她解释说，如果要在邮轮上度过三个月（当时巴黎到纽约的行程），带上自己的家传首饰是件可笑的事。她也是第一个用拉链取代纽扣，使之成为服装上的功能性装饰物的设计师。

斯基亚帕雷利独具的天赋通过高级时装具象地表现了出来，兼具创意和功能。很多时尚界的"坏小子"都从她身上得到启发，戈尔捷、约翰·加利亚诺、克里斯蒂安·拉克鲁瓦都从她的创新力和艺术感中汲取灵感。当代的设计师们从她身上看到了独创和严谨的重要性。

七、格雷夫人

1. 个人经历

格雷夫人（Madame Grès，1903~1993年，图16-13）本名热尔梅娜·克雷布斯（Germaine Krebs），1903年11月30日出生于巴黎一个并不富裕的小资产阶级家庭。她是时尚界最神秘的人物之一，对于她儿时的成长经历大家知之甚少，而她在进入服装行业后换名字就像别人换衣服一样勤快。

她在一个服装工坊学了三个月的缝纫基础，在1924年前后成为工艺师助理，后来很快就从二级工艺师成长为首席工艺师。在位于旺多姆广场的普雷梅公司，她负责裁剪，用大头针定位，假缝。1930年前后，她开始把自己设计的款式图、样衣和大衣卖给为欧洲和美国市场采购的大型代理商。

图16-13 格雷夫人

1933年，化名为阿莉克丝（Alix）的热尔梅娜·克雷布斯和朱莉·巴顿合伙，开设了"阿莉克丝·巴顿（Alix Barton）"时装屋。这个双人组得到了《巴黎高级定制与时尚公报》的注意，并且突出强调了"阿莉克丝小姐，聪明的艺术家，她的创作天赋一举将阿莉克丝·巴顿时装屋推向了一线"。在这一时期，未来的格雷夫人的风格语言就显现了，特别是她制作扁平细褶面料，以最少的缝纫塑造服装廓型的特别工艺。

1934年，阿莉克丝小姐得到金融投资，组建了自己的高级时装公司，并且独立担任艺术总监。于是她的"Alix"时装屋在巴黎福布尔圣奥诺雷路83号开业了。

1937年和1939年，她的作品先后入选巴黎和纽约世博会的展览，她的褶皱裙和雕塑完美结合。

1940年6月，为了躲避战争，热尔梅娜·克雷布斯离开了巴黎。

1942年，在时任巴黎高级时装公会主席吕西安·勒隆的支持下，她用卖掉Alix公司股份所得到的资金，创立了一个属于自己的品牌，取名为"格雷（Grès）"，这是她的画家丈夫的笔名。她第一个系列推出的时候，还在德国占领期间。她设计了一系列蓝色、白色、红色的连衣裙，而发布会的压轴款同时有这三个颜色。她的时装屋被德国人勒令关闭，战争结束后才又复出。

20世纪60年代初，她的创作遇到了瓶颈，似乎一直在重复过去，而公司业务也有些低迷。直到1967年，《时尚》（*VOGUE*）杂志主编的建议点醒了她。于是她抛弃了古典主义，开始为年轻而性感的女性设计服装。转型后的作品果然大受欢迎，她再次成为高级定制时装界的领军人物。

1980～1981秋冬季推出第一个成衣系列。然而，成衣业务只做了两季。1982年底，她把香水和配饰业务也出让了，然后将获得的资金重新投入高级定制时装屋。

然而一切都在猝不及防中发生了。1984年，贝尔纳·塔皮（Bernard Tapie）集团得到了格雷公司66%的股份，并对时装屋进行重组。尽管格雷夫人激烈反抗，她的权力还是被削弱了，并且最终放弃了战斗。塔皮在1986年9月把时装屋卖给了雅克·埃斯特雷尔（Jacques Esterel）公司。1987年春天，时装屋还是不得不申请破产保护。

1990年，她和女儿一起住到了旺斯。这位经历了荣耀和苦难的女裁缝在1993年11月24日悄无声息地离开了人世。

2. 主要成就

从王室成员到巴黎上流社会名媛，再到好莱坞明星，格雷夫人是上流社会大人物的服装设计师，她以自己超越时间的独特风格，经历了五十年的时尚风云。她善于创作古典风格的褶裥，率先成功设计了极简又性感的服装，她永远是时尚界最神秘的人物。

她独特的设计风格主要体现在三个方面：材料、技术、色调（图16-14）。

材料是首要的。她传奇性的褶皱裙灵感来自古希腊雕像，裙子上那些褶裥是用为她特别研发制作的真丝针织面料做的。这位设计师标志性的"格雷褶"是怎么来的呢？顺着一根经线方向每3厘米收一个平褶，每个褶1.5厘米深，这一连串的褶从背面缝合，正面有2毫米的高度。

然后是技术。格雷夫人是一个裁剪偏执狂，据说她完成每个系列都要磨损至少三把剪刀。对她而言，裁剪能实现对身体的解放。她那令人赞叹的技术可以让针织面料缠绕在身体上，并且展现身体的轮廓，用精巧的褶子收起余量，突出腰部的曲线。永远不会出现腰部太厚、臀围笨重、领口不雅的现象。

最后是色调。她很喜欢那些难以捉摸的灰蓝色、各种色调的白、克里特岛和岛上光线的颜色、

图16-14　格雷夫人的作品

帕尔马堇菜紫、橙色、柠檬色、淡绿色。她是一个无与伦比的配色大师，能找到准确的色调和色彩过渡。

格雷夫人凭借她的褶皱在时尚界掀起了巨浪。她为人正直，一生追求完美，在奔向目标的道路上目光坚定。这是一个高尚的目标：打扮女性躯体，更好地显示它的神秘和光彩，坚定地尊重身体的自然特性，绝不去约束它或者重塑它，相反地，是以它为核心来塑造服装。她也将自己的一生献给了热爱的时尚事业。

八、克里斯蒂安·迪奥

1. 个人经历

克里斯蒂安·迪奥（Christian Dior，1905~1957年，图16-15）于1905年1月21日出生于诺曼底海滨度假胜地格兰维尔。他在家里五个孩子中排行老二。父亲经营着家族肥料生产企业。受品位高雅的母亲的影响，他从很小的时候就表现出了对时尚的浓厚兴趣。

十八岁的迪奥对艺术产生了浓厚的兴趣，并且想要成为建筑师，但是他父母希望他成为外交官。为了让他们高兴，1923年他开始了在巴黎政治学院的学习。作为交换，他好不容易从父母那里争取到了学习音乐创作的机会。

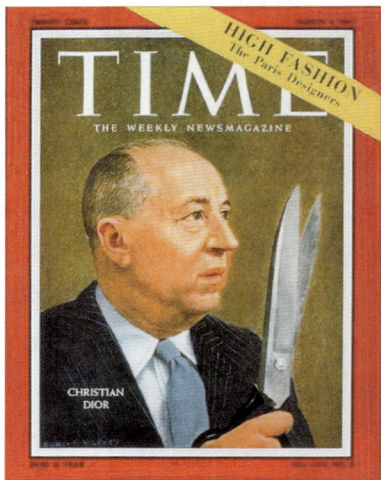

图16-15　克里斯蒂安·迪奥

但是到1928年，已经二十三岁的迪奥还只是个无所事事的艺术爱好者，脑子里充满了幻想，好像天生是为了欣赏美而不是创造美而生的。他放弃了音乐，在他父亲的资助下，和一个朋友合伙开了一间画廊。然而好景不长，世界经济大危机的背景下，他的父亲在股市暴跌和几次失败的投资之后破产了。迪奥不得不放弃了他的画廊，后来在朋友的建议下做起了独立的时装画师，而立之年的迪奥终于找到了适合自己的职业道路。

1938年，他被引荐给了设计师罗伯特·皮盖，后者立刻就聘他做工艺师，并且传授他制衣的技艺。在这里，他掌握了时装设计从创意到成品的整个过程。

1939年8月，他被应征入伍。1940年停战协议签署之后，他就复员了。在普罗旺斯的妹妹家消磨了一段时间之后，1941年底，他回到巴黎，并且幸运地被当时任巴黎高级时装商会会长的设计师吕西安·勒隆看中，招为设计师。这家公司有非常强的手工艺传统，在与那些出色的首席工匠共事的过程中，他学习到了服装制作中最重要的基本原则：面料的纹路方向。一定要学会掌握面料的自然动态，否则就无法做出完美的连衣裙。

1946年，在朋友的介绍下，迪奥认识了面料生产商马塞尔·布萨克。他提出了想要成立一个以自己的名字命名的时装屋的想法。在这里只出品那些看似简单但是制作工艺非常考究的时装，门槛很高，只为那些真正优雅的女性客户服务。他设想的裙子是用层层叠叠的衬裙撑起的蓬松长裙。布萨克立刻就意识到，这种时装会消耗大量的面料，将重新推动纺织工业的发展。就这样，Christian Dior公司在蒙田大道30号建立了，且至今仍在那里。

1947年2月12日，他发布了第一个服装系列——花冠系列。从此，一位非凡的时尚大师诞生了。《时尚芭莎》（Harper's Bazaar）的主编卡梅尔·斯诺说了一句有历史意义的话："这就是一场革命，亲爱的克里斯蒂安。您设计的服装展现了一种新风貌。它们太棒了，您知道吗？"于是，克里斯蒂安·迪奥署名的第一个服装系列就被大家称为"新风貌"，并迅速风靡全球。

同年，他应美国百货巨头内曼·马库斯（Neiman Marcus）之邀，前往美国领时装界的奥斯卡奖。从他到达美国的第一天起，就看到这个市场巨大的潜力。他说："我们卖的是一些想法。"1948年Christian Dior股份有限公司在纽约成立，这家公司根据迪奥先生提供的设计稿制作高档成衣，直接在美国最好的服装零售商场里展示和销售，迪奥则从中获取一定的百分比提成。配饰与香水的商品化给他带来了更多的利润。

经过几年的时间，公司的业务范围不断扩大，1954年全年共完成了60亿法郎的营业额。Dior公司变成了一个商业巨擘。

然而，生意欣欣向荣的同时，迪奥先生的生理和心理健康却出现了危机。为了减肥和调养身体，1957年10月，迪奥在他的司机、经理和教女的陪同下，前往意大利温泉圣地蒙特卡蒂尼疗养。然而这却成了迪奥先生的最后一次旅行。10月23日晚上，这位时装界最具影响力的大师因心脏病突发，在酒店猝然离世。

这个噩耗带来了巨大的悲伤，1957年10月29日，他的灵柩台上铺满了铃兰花。人群涌向了他所在的圣奥诺雷—岱劳教区。在这些自发的人群中，包括温莎公爵夫人和让·科克托。他最终被安葬在了凯兰公墓，这片他最热爱的土地上。

2. 主要成就

科克托曾说，迪奥（Dior）这个迷人的姓氏是"上帝（Dieu）"和"金子（Or）"的结合。1947年2月，随着称为"新风貌（New-look）"的时装革命在巴黎发生，这四个字母变成了全球知名的名字。自此以后的十年时间里，直到去世，他一直都被尊为高级时装王国不可置疑的国王。他被誉为"高级时装界的拿破仑、大仲马和塞尚"。

从1947年春夏系列到1957年秋冬系列，克里斯蒂安·迪奥一共设计了22个高级定制服装系列，卖出了10万条连衣裙，用了150万米长的面料，画了1.6万张画稿，有1000多名员工为他效力，这位优雅大师还建立了一个由特许权、香水、化妆品等构成的商业帝国，他所构建的这一切，使得今天Christian Dior公司的股票为世界上最大的奢侈品集团LVHM增添了吸引力。

事实上，"新风貌"这个名字是对服装史的一个最大的误解。让女性穿出性感曲线，使她们成为丈夫的俘虏的标志，这真的是新的吗？使得女性必须在别人的帮助下才能坐进出租车；必须备一些巨大的箱子，以便在旅行的时候装自己的行头；必须在保姆的帮助下才能穿衣服，这真的都是新现象吗？在迪奥推出的第一季的款式中日装裙重达4公斤，晚装裙最重的达到了30公斤。当时的大师巴伦夏加认为迪奥运用面料的手段很可怕的："为什么他用几层粗麻布、衬里或绢纱来做他的款式，而不让面料自己来表现自己呢？"但是最尖刻的批判来自香奈儿："迪奥不是在给女人穿衣，而是在给她们装垫料。"

服装史专家安妮·拉图尔看得很透彻，她说："新风貌只是对旧风貌的一种必然反抗。旧风貌是战前就开始流行的时尚：直身短裙，厚重垫肩。而随着战争的延续，这些特征越发明显：裙子越来越短，肩型越来越宽，蓬乱的头发和帽子越来越高，木质鞋底纷乱的脚步声放肆地与德国军靴的步伐对抗。这种流行趋势，终于随着和平的回归，画上了句号。"迪奥的新风貌表现了法国时尚重回豪华传统的愿望。而这正是他成功的奥妙所在。迪奥说："欧洲已经经历过太多的炮弹了，现在需要给她放一些烟火。"迪奥以他自己的手法，向世人回放了过去那段欢乐时光，满足了当代人的愿望，而他们也乐于接受这象征着和平幸福的信息。

他最令人佩服的是，每推出一季产品就彻底改变衣裙翻边的长度，甚至每一季作品的造型线条都绝不雷同（图16-16）。他注意到了时尚演变速度，从时髦变为过时并不需要很多时间，因此，迪奥决定每六个月发布一次新的流行趋势，这与他永远求新求变的愿望完全一致。每次他都会先确定写一个大标题，然后用款式将它丰满起来。

图16-16 克里斯蒂安·迪奥的作品

所有的设计师都是完美主义者。确实如此，因为在这一行中，几毫米的细微差别就足以造成成功与失败的不同结局。不仅如此，迪奥还坚持亲自负责海外市场的所有事务。他为伦敦、纽约、加拉加斯的发布会设计一些特别的款式，以适应不同国家的顾客需求和不同体型，这使他无论在大年还是小年，平均每年都提供上千个设计。

20世纪下半叶即将随着社会的繁荣复兴开启，正是这位看起来最与世无争的设计师的出现，高级定制时装界迎来了大洗牌。相较于他设计的那些华美裙装，他更大的贡献在于奠定了此后奢侈品贸易的基石。他不仅是首位向全球推行自己的优雅准则的美学家，也是最后几位具有政治家风范的法国企业家之一。他是女装界的洛克菲勒或阿涅利，将自己的生活、情感和个性全部都与业务合为一体。

九、皮尔·卡丹

1. 个人经历

皮尔·卡丹（Pierre Cardin，1922~2020年，图16-17）原名彼得罗·卡丹（Pietro Cardin），1922年7月2日出生于威尼斯附近的小镇圣安德烈亚·迪·芭芭拉纳。他是家中十个孩子中的老幺，上面有五个哥哥、四个姐姐。1924年随父母定居法国圣艾蒂安后改名皮尔。

他十四岁的时候就被父母安排到裁缝店学习裁剪和缝纫，同时还上一些会计课。他很快显示出了巨大的天分，并在"二战"结束后就只身闯荡巴黎。他曾在Paquin和Schiaparelli品牌短暂工作。迪奥创业的时候，请他负责套装和大衣的样衣制作。他在Dior公司

图16-17　皮尔·卡丹

工作了两年半，1951年决定独立创业。最初他为科克托的电影设计剧服，也为当时上流社会大型化装舞会设计奢华服装。

1953年，他推出了自己的第一个高定系列，由于缺少资金，整个系列只有50件大衣和套装组成，但是成功还是如约而至了。同年，他成为巴黎高级时装公会成员。

1958年，他创造了没有明显性别特征的具有未来派风格的男女装系列，将男装的硬朗与女装的柔美完美结合，统一了男女的生活风格，并命名为"无性别装"，结果又使他声名鹊起。

1962年，皮尔·卡丹在巴黎时装界扔下了一颗原子弹：他和巴黎春天百货签订了合作协议，他的设计将会以相对比较低的价格在商场批量销售。春夏系列中的15款投放市场，在巴黎春天，500法郎就能买到一身Pierre Cardin套装，而在他的时装屋定制的话，价格大约是六倍。当然，用的不是一样的面料，而且这些都是按照标准尺寸制作的。这一创举取得了巨大的商业成功，并且很快就超出了所有人的预期。

他不仅是一个优秀的设计师，更是一个天才的商人。1969年，他买下了大使剧院并把它改造成卡丹空间，Pierre Cardin从时装公司转型为文化企业。他将自己的设计范围突破了时装的界限而扩展到各个领域，从家具设计到饭店布局，从烧制陶瓷到玻璃器皿，他所经营的业务从卫生纸到马克西姆饭店应有尽有，他的品牌授权遍布世界各地，构筑了一个巨大的Cardin商业帝国。

他是第一个访问日本、俄罗斯和中国的西方设计师。1979年3月在北京民族文化宫，他带来了第一场时装秀，1981年11月，他的第一家专卖店在北京开业，同时在中国开设了第一家服装工厂，占地4000平方米，有300名员工，每天生产7000件西装。

1993年，他成为第一个在家乐福销售香水的服装设计师，并且宣布其价格会比化妆品店里优惠20%~30%。整个行业都在思考，他这是在指明道路还是走上了歧途。

2006年7月2日，为了庆祝其84岁生日，皮尔·卡丹在缺席了多年时装周官方发布会后，展示了他的新系列，翼型肩无袖夹克，有金属孔眼、带状切割或者几何方块的镂空短外套。作为高级定制时装的长老级人物，欧洲最富有的人之一，他从不懈怠！

2020年12月29日，皮尔·卡丹在巴黎逝世，享年98岁。

2. 主要成就

皮尔·卡丹是杰出的时装设计师和目光远大的商人，全世界最著名的法国人之一。他是一个杰出的裁缝，拥有显而易见的精湛技艺。他知道如何将理性的线条与充满想象力的天马行空结合在一起。他的服装都拥有神秘的裁剪，离经叛道却极有分寸。

他是时尚先锋，开创了无性别服装的先例，将脸甲、窗洞、魔术贴引入了时装；他是塑料、拉链、无纺材料铸模成型的"卡丹女郎"裙的捍卫者；他推出了黑色丝袜，启用了有色人种模特，开拓亚洲市场，还有他设计的飞檐肩（图16-18）、紧身衣系列、无脊椎系列、太空风系列，每一个系列都不断刷新大众的认知。

他在1977年、1979年和1982年先后三次获得法国高级定制时装金顶针奖，1985年获得时尚奥斯卡。

图16-18 皮尔·卡丹的作品

1991年2月，联合国教科文组织任命他为名誉大使；被授予法国荣誉军团高级骑士勋位；入选法兰西学院五个学术院之一的美术学院院士，成为首位入选该院的服装设计师。

他向世界各地产品制造商授予特许经营权的做法，破解了奢侈品关税高的问题，缩短了产品生产、运输、销售的流程。他在全球各地的分支机构以及他那840份授权书间接创造了19万个工作岗位。

皮尔·卡丹是极少数既会设计也会裁剪和缝纫的服装设计师。在商业方面，他也身兼多职。就像让·保罗·戈尔捷说的："皮尔·卡丹，他一个人就相当于伊夫·圣洛朗加皮埃尔·贝尔热（Pierre Bergé）加工坊首席工匠。"

十、于贝尔·德·纪梵希

1. 个人经历

1927年2月20日，于贝尔·德·纪梵希（Hubert de Givenchy，1927～2018年，图16-19）在法国北部的博韦市出生。他的父亲是一位侯爵，有法国和意大利血统，但是在他两岁的时候就去世了。他从小就对爷爷收藏的那些美丽的服装情有独钟。

1937年是于贝尔·德·纪梵希记忆中具有特殊意义的一年。这一届的世界博览会在巴黎举行，主题是艺术与技术，其中设了八个时尚展。还是孩子的他陶醉其中，发现了一些绝美的服装，认识了一些响当当的名字：香奈儿、让娜·朗万、格雷夫人、斯基亚帕雷利……他决定以后要做服装设计师。

图16-19 于贝尔·德·纪梵希

然而家人希望他从事传统观念中更加体面的职业，于是高中毕业后，他开始在一家公证处实习。幸运的是，他有一位善解人意的母亲，最终同意他去实现自己的理想。

于贝尔首先在雅克·法特的公司工作了一年，只是半工。另外一半的时间他在巴黎美院上画画课，完善自己的绘画技能。之后他又到罗伯特·皮盖手下工作了一年半，负责款式设计，并和工坊一起跟进服装的制作。1946年，他受雇于曾在两次世界大战期间风光无限，但那时已走向式微的Lucien Lelong公司。然而，真正让纪梵希进一步完善自己的职业技能并且形成了自己最初风格的，是他在风格怪诞的艾尔莎·斯基亚帕雷利工作的四年。从Fath到Schiaparelli，他度过了成长为一位时尚大师必不可少的学习生涯。

图16-20 于贝尔·德·纪梵希的作品

于是，纪梵希萌生了自立门户的想法。终于，在几个家族好友的帮助和一位投资人的支持下，他在1952年创立了自己的时装屋，成为高定时装界新旧更替时代的接班人之一。这位年轻人凭着自己的第一个服装系列就获得了登上 *Elle* 杂志封面的殊荣，在这本发行量巨大的周刊的加持下，他一战成名。

1953年是另一个重要时刻，奥黛丽·赫本走进了他的时装屋，请他为自己即将拍摄的电影《龙凤配》设计服装（图16-20）。一段被后世传为佳话的共生共荣的合作就此开启。

1957年，在他的良师益友巴伦夏加的鼓励下，纪梵希推出了两款香水。其中一款名为"禁忌"的香水是他为奥黛丽量身打造的。

1959年，他将时装屋从阿尔弗雷德·德·维尼大道搬到了乔治五世大道。尊贵的客人与日俱增，王室贵胄、上流社会名流、一线演员。杰奎琳·肯尼迪陪同丈夫参加总统竞选期间的所有衣服都出自纪梵希之手。他那些穿几季都不会过时的服装为他带来很多忠诚的贵客。在他的客户群体中占70%的美国富人，她们都被他删繁就简的大气审美风格所吸引。

1969年，他推出了男装成衣线"纪梵希绅士"。

1982年，纽约时装学院举办了纪梵希三十周年回顾展；1991年，纪梵希高定时装四十周年回顾展在巴黎时尚博物馆加列拉宫举办。

为了让品牌得到更好的发展，他在1989年将时装部卖给了LVMH集团，他继续担任创意总监。然而这位时尚大师雕琢了近半个世纪的风格很快就被新老板否定了，矛盾无法调和。他明白，属于自己的时代已经过去了，于是选择退出。1995年7月12日，人们迎来了他的告别演出。伊夫·圣洛朗、瓦伦蒂诺、克里斯蒂安·拉克鲁瓦、高田贤三等众多设计师都前来观摩，既像是学生向老师致敬，又像是明星们为另一位明星捧场。

退休后的他继续担任世界建筑文物保护基金会巴黎分部的主席，参与一些古建的修复项目。

2018年3月10日，这位时尚大师在睡梦中安然离世，享年91岁。

2. 主要成就

1952～1995年，于贝尔·德·纪梵希给巴黎高定时装界带来了一抹独特的优雅色彩。"优雅的秘诀，就是表现自我。"纪梵希在他令人尊敬的职业生涯中始终坚守这一箴言。他同样忠于自己的设计主旨，定义了一种真正的风格：显而易见的简洁。他以传统的精神追求完美，永不妥协。他专注于无懈可击的制作工艺，精致讲究的细节，作品中透露出无处不在的简洁干练。

他勾勒出了一个更加年轻、纤细、自然的全新廓型，他的针织连衣裙和羊毛呢套装简洁优雅，他那些雕塑体型的连衣裙也从不让人感到束缚。他最大的愿望就是帮助女性表达自己的风格、个性，"展现其内在的优雅"。他总是精益求精地不断打磨自己的作品。他之所以能屹立不倒，是因为他在"昨日世界"和"摇摆的60年代"之间创造了这样一种过渡风格，就像《蒂凡尼的早餐》中让人难忘的女主角霍莉·戈莱特那样，拥有美丽的脸庞、优雅的身姿、惑人的魅力。

1983年，他被授予荣誉骑士勋章，1985年被当时的法国文化部部长雅克·朗授予时尚奥斯卡奖。

纪梵希是20世纪下半叶最伟大的时尚大师之一，也是时尚界最后的贵族之一。

十一、索尼娅·里基尔

1. 个人经历

索尼娅·里基尔（Sonia Rykiel，1930～2016年，图16-21）原名索尼娅·弗里（Sonia Flis），1930年5月25日出生于巴黎一个文化与艺术交融的资产阶级家庭中。她是家中的老大，从小就固执叛逆并且颇具威望。高中时，她的学习成绩一落千丈，从年年第一的学霸沦落到留级的地步。由于她拒绝复读，她母亲劝说她去位于歌剧院广场的"布朗大商店"，让她可以有所事事。她布置的橱窗色彩缤纷，充满想象力，吸引了画家马蒂斯的注意。然而当时的她毫无事业心，一心只想结婚生子。于是当年仅20岁的她和从事成衣制造业的山姆·里基尔相遇并且一见钟情之后，很快就结婚了，她也姓里基尔了。

图16-21　索尼娅·里基尔

她怀孕后发现当时市面上的孕妇装都很肥大，不能凸显孕妇的曲线。于是她拿起画笔，画出了最初的针织连衣裙的草图，让她丈夫手下的工人去制作。那时的她既不会画效果图，也不会裁剪或者缝制。

1962年，她让威尼斯的毛衣工坊为她做了一件紧身小毛衣，在亲朋好友中收获

153

了大量的好评。于是她就开始在夫家的"罗拉"成衣店售卖自己创作的针织服装，并且大受当时年轻人的欢迎。

然而，事业的初见成效却无法弥补生活带来的重击。她经历五次流产才成功地生下了二儿子，然而这个孩子在三个月的时候被查出因医疗事故导致失明。为了逃避痛苦，她加倍工作。她所创作的服装首先是有独特触感的，就像是在读盲文。而她对黑色的特别热爱也不是平白无故的。

1968年5月5日，索尼娅·里基尔的第一家精品店开幕了。然而受到"五月风暴"的影响，三天后就不得不关店，直到8月底又重新开张营业。索尼娅从一开始就意识到针织是她的基础，也是创作必不可少的驱动力。她探索这种材料，融入她的艺术灵感和各种流行趋势，创造她自己的针织系列。材料和式样是构成她面料风格的基础，她用细小但是识别度很高的元素编织她独特的语言。十多年的积累使这些符号成为她绝对的标识。

她不仅是一个服装设计师，还是一位作家。1979年她出版了第一部作品《我想要赤裸裸的她》，1988年出版了《庆祝》，之后她还先后出版了《时装系列》《正反倒置》《垮掉的词典》等时尚类的作品以及一些儿童故事和爱情小说。在她眼中，写作就是模仿、固化、描绘、记录，文风要简洁，词汇要像色彩一样，时隐时现。在生活中，她的讲话是连贯、杂乱、固执、重复、创新的。她的用词艺术配得上她的造型艺术。

2008年，她大张旗鼓地庆祝公司四十年的辉煌。圣日耳曼德普雷的精品店重新开张，发行限量纪念款。在巴黎装饰艺术博物馆里举办了她的回顾展，展出了超过两百套服装，还穿插了走秀和采访的视频。

整个集团构建了一个完整的时尚世界，里面包含了多个产品线："Sonia Rykiel"品牌下有高级成衣、鞋子和配饰，"Sonia By Sonia Rykiel"品牌针对的是更加年轻的客户群体，还有"Rykiel"童装线。她平均每年销售20万件毛衣。除了成衣、配饰和香水之外，公司通过授权生产的模式进军了家纺、墨镜和眼镜、内衣、手表等领域。公司公布出来的营业额接近1亿欧元，全球员工达到450人，在法国有50家连锁精品店，还有1700多个品牌销售点。

2012年春天，索尼娅·里基尔被覆上了伤感的色彩，她在回忆录《勿忘我是玩家》中第一次告诉大众，她已经被帕金森病困扰了十五年。也是在这一年，为了跟上时尚产业全球化发展的步伐，她和女儿接受了财务公司的建议，将公司80%的股权出售给了利丰集团，剩余的20%仍由里基尔家族持有。

2016年8月25日，这位法国针织女王在与帕金森抗争多年后与世长辞，享年86岁。

2. 主要成就

顶着一头浓密的红发，常年黑衣打扮的索尼娅·里基尔，有一点高傲，有一点疯狂和未完成的气质，张扬艳丽，自恋虚荣。即便帕金森综合征打碎了她坚强、有头脑、有权威的女性形象，她仍然是时尚界最伟大的宗师之一。她在很多方面都是独一无二的。她把毛衣翻过来穿，让时尚反向发展，推出了一种令人惊叹的风格。

图16-22　索尼娅·里基尔的作品

她是针织服装的灵感缪斯，是发明了我们今天所穿成衣的极少数设计师之一。她是女性穿衣新方式的开拓者，构建了一整套既有个性又普遍适用的衣着（图16-22）。这位双子座的设计师，她的服装世界也是两面性的。一方面极其女性化，另一方面极其严谨，非常好穿搭，但是总带着一些"改变全貌的小细节"。里基尔风格的主要特色就是柔软的针织、深沉的黑色、玻璃珠花、钩针小帽、极长的围巾。她使出了各种诱惑的手段挑战权威：她是第一个在服装上用涂鸦的设计师，第一个颠覆时尚的设计师，她去除了衣服的翻边，她将外衣翻转过来穿。她每六个月孕育出一个服装系列，热衷于"打破陈规，去除了时装内衬，拆开了折边，夸大了服装的尺寸"。时尚对于里基尔而言，就是自由、女人味、流动性。

也许正因为不是科班出身，她敢于做一些其他人不敢做的反传统的事：改变规则，打乱服装的比例。她设计的服装千变万化，都很适合旅行和应对各种意外。她设计了一些很大的衣服，发明了"披毯服装"和多功能服装。她那些服装的灵动感成为品牌的一个标志。

1973年，她当选为法国时装协会副主席；1995年，她被文化部部长授予法国国家荣誉军团军官勋章；1998年，她入选《费加罗》杂志评选的《推动世界进步的十位女性》；2008年，她被授予为法国国家荣誉军团司令勋章；2018年9月29日，巴黎市将一条马路命名为索尼娅·里基尔街。这也是巴黎历史上首次将时装设计师的名字作为路名。

索尼娅·里基尔之所以在时装史上有着举足轻重的地位，因为她从职业生涯一开始，就着力研究去除多余装饰的设计，四十年一直保持着创造力。

十二、卡尔·拉格菲尔德

1. 个人经历

卡尔·拉格菲尔德（Karl Lagerfeld，1933～2019年，图16-23）1933年9月10日

图16-23　卡尔·拉格菲尔德

出生于德国汉堡一个富商家庭，母亲是一位非常讲究穿着的女性，气质大方高贵，据说一天之内要换三套风格迥异的衣服，直到70多岁高龄时，衣着依旧不落伍。童年的卡尔·拉格菲尔德因此经常随母亲流连于高级时装店，耳濡目染地体会着时装王国透射出的无穷魅力。

16岁的时候，卡尔只身来到了巴黎，一边完善自己的法语，一边适应新的生活。他想要成为漫画家或者插画师。但是他的绘画天赋太突出了，所有人都鼓励他投身时尚行业。

1954年，他决定参加国际羊毛局组织的第二届服装设计比赛。两个年轻人脱颖而出：21岁的拉格菲尔德是外套组的优胜者，19岁的圣洛朗赢得了晚装设计大奖。两位新星诞生了。

获奖后的卡尔·拉格菲尔德并没有像伊夫·圣洛朗那样迅速走红，在很长一段时间里，他都是默默无闻的。他被皮埃尔·巴尔曼选为助理，被埋在厚厚的图纸底下。即便他在1959年跳槽到Patou时装屋担任艺术总监，也并没有得到太多关注。

直觉告诉卡尔·拉格菲尔德，未来属于成衣，相较于高定时装的设计师，他更适合做成衣的风格设计师。于是，五年后他离职成为自由设计师。

1964～1984年成为Chloé品牌设计师，他将品牌定位于古典式浪漫唯美风格。与此同时，他还和几个品牌签了自由设计师合同：为Timwear、Cadette、Carel、Charles Jourdan等品牌设计粗毛线衫，为Mario Valentino、Fendi设计鞋子，为Monsieur Z设计人造皮草服装，为Helanca de Gadging设计针织连衣裙，为Neyret设计手套，同时还为Chavanoz纱线厂和其他合成纤维、天然纤维公司提供咨询服务。他的影响渗透到时尚产业的各个层面。

芬迪（Fendi）公司也是他最早的合作者之一，他从1965年开始就为他们设计服装系列了，品牌创始人阿黛尔的五个女儿邀请拉格菲尔德为芬迪品牌担任设计。拉格菲尔德为她们设计的思路是，让皮草进入日常着装领域。他设计了一些点缀着水貂皮的牛仔外套，用皮草做里衬的防水运动衣。他为芬迪设计的标志性的双F标识沿用至今。他成功地将原来给人以僵硬、厚重感的皮草装设计成轻盈、柔软、易于搭配的款式，立即得到女性顾客的青睐。富有戏剧性的设计理念使芬迪品牌服装获得全球时装界的瞩目及好评，而他本人也越来越受到时尚界的关注。

1983年，卡尔·拉格菲尔德临危受命，成为Chanel的创意总监。彼时的Chanel品牌已经是个让人昏昏欲睡的老妇人形象。在外界普遍不看好的情况下，拉格菲尔德勤奋地研究品牌的历史，抓住了品牌几个标志性的单品：粗花呢套装、珍珠项链、绗缝包、双色浅口皮鞋，并以自己的方式加以大力改造（图16-24）。他将更加年轻时髦的元素融入产品，从而吸引更大的客户群体，同时又兼顾稍微年长的客户市场，维护她们心中Chanel品牌所代表的完美品质和低调奢华。他让Chanel重新站上了时尚领头羊的地位。

1984年，拉格菲尔德推出个人同名品牌Karl Lagerfeld。在属于自己的品牌中，拉格菲尔德的设计个性得以淋漓尽致地体现：合体、窄身、窄袖的线条，古典风范与街头情趣结合起来，黑白对比的色调。

图16-24 卡尔·拉格菲尔德的作品

1987年出于品牌宣传的目的，拉格菲尔德开始摄影生涯，之后Chanel、Fendi的广告多数由其拍摄，他和时尚杂志也有多次的摄影合作。

2007年10月拉格菲尔德携芬迪品牌在中国长城举办发布会，成为首个登上长城举行发布会的西方设计师。

他还开了一家名为7L的出版社和书店，位于巴黎的里尔路，主要出版摄影类图书，主题横跨他感兴趣的各种领域，包括时装、摄影、文学、广告、音乐、神话、插画、幽默作品和建筑。

当75岁的瓦伦蒂诺宣布退休后，卡尔·拉格菲尔德豪气冲天地对媒体说："我的合同，可是终身合同！"

2019年1月，他首次缺席了Chanel在巴黎大皇宫举行的2019年春夏高定系列大秀。关于他缺席的原因众说纷纭。然而，2月19日就传来了他因病去世的消息，享年85岁。

2. 主要成就

这位永远扎着马尾辫、戴着墨镜、穿着白领衬衫的设计师，用自己的方式把自己打造成了一位时代巨星、奢侈品贵族。他是一个永不知足的创作者，高级定制时装、成衣、摄影、音乐、为快消品牌设计的限定联名系列、广告、室内设计……他的项目一个接着一个，就像呼吸一样，从不间断。"不相信过去"是他最喜欢的格言之一。这位既有现代感，又有美学品位的21世纪的"时尚大帝"有着自由的灵魂，他只有为数不多的癖好：一叠纸和很多笔、健怡可乐，还有他的宠物猫舒贝特。

没有一种固定的拉格菲尔德风格，而是千变万化，他最擅长挖掘品牌的历史，根据时代精神对它进行再设计，融入他的个人色彩和幽默感，重新打造品牌的整体形象。他在皮草领域进行创新，使之与高定时装和科技创新相结合，给皮草带来了翻天覆地的变化，在锐意创新和吸引名流贵胄方面找到了很好的平衡点，将Fendi推到了高级时装的一线地位；他让Chanel风格适应一季又一季的变化，不断衍变但是绝不丢失本性。在他的领导下，Chanel品牌就像凤凰涅槃重生，成为世界上最赚钱的时尚品牌之一。

卡尔·拉格菲尔德经常将自己描述为时尚机器。从最初的草图到最后发布会的媒体宣传，他能将组成时尚产业链的各个环节都平衡得非常好。没有人能像他那样有条不紊地精准地营造气氛。他永不知疲倦，全速消化吸收的信息，通过阅读书籍和时尚杂志不断丰富自己的图像记忆。他的脑子就像是计算机，可以凭记忆画出百年时尚。这就是他与众不同的基石。他从来不向破坏性和颓废文化的流行趋势妥协。

1986年，他携Chanel获得法国高级定制时装创新大奖金顶针奖。

1991年，他获得美国时装设计师协会国际大奖。

2010年，他被授予法国国家荣誉军团司令勋章。

2019年6月20日，在他去世四个月后，Chanel、Fendi、Karl Lagerfeld三个品牌联手，在巴黎大皇宫举办了"永远的卡尔"纪念活动，活动当天共邀请了约2500名各界嘉宾，多位知名演员、音乐家及舞蹈家齐聚现场献上表演，以不同的方式表达他们对卡尔·拉格菲尔德的思念。大师已去，但是他留下的那些作品，将会成为后人继续前进的取之不尽的灵感源泉。

十三、伊夫·圣洛朗

1. 个人经历

图16-25　伊夫·圣洛朗

1936年8月1日，伊夫·圣洛朗（Yves Saint Laurent，1936～2008年，图16-25）出生在仍属于法国殖民地的阿尔及利亚的奥兰，父母是法国人。三岁，他就爱上了布袋木偶，七岁就开始给木偶上色、做衣服。他还会用木头箱子，在里面画上逼真的帷幕，给自己做个小剧场。他从妹妹那里拿来一堆杂乱的连衣裙和娃娃，不断练习：修饰、改造、制作，时尚注定成为他一生挚爱的事业。

1953年夏天，他在《巴黎竞赛画报》上看到一则由国际羊毛局主办的第一届时装设计比赛通知。他寄了三张画稿出去，得到了一个"连衣裙"组的三等奖。

第二年，18岁的他刚刚拿到高中毕业证就回到巴黎，进入一间裁剪学校学习。同时，他再次投稿第二届国际羊毛局时装设计赛。这一次，他同时获得了连衣裙组的第一名和第三名。赛后接受采访时，他说："我喜欢不走寻常路，喜欢古怪的、出乎意料的东西。我的梦想是成为知名高定时装屋的设计师。"

获奖后的他用更大的热情投入到创作中。一年后，他那些才华横溢的设计稿征服了当时法国《时尚》（VOGUE）杂志主编米歇尔·德布吕诺夫，便将他介绍给迪奥先生。迪奥看了他的作品后，当下就将他收为自己的助理。伊夫的勤奋和天赋得到了迪奥先生的高度认可，一年后就将他定位为自己的接班人。

1957年10月，迪奥先生骤然离世。Dior公司很快就举办新闻发布会，宣布这个年仅21岁的年轻人成为品牌新掌门人。对大众而言完全陌生的他迅速成名，他也不负众望，推出的新作得到媒体和市场的热烈追捧。真可谓少年得志，意气风发。然而他1960年7月推出的系列以"垮掉一代"的年轻人为灵感，把品牌尊贵的顾客群吓到了。他与Dior品牌的裂痕产生了。

同年9月，他被征召入伍，参加阿尔及利亚战争，两个月后因严重的抑郁症被批准结束兵役。而Dior公司也在这时与他解约。伊夫·圣洛朗在密友皮埃尔·贝尔热的陪伴下，一边调养身体，一边筹备属于自己的公司，蓄势待发。

得到美国投资人强大财力支持的圣洛朗终于在1962年1月29日举办了品牌第一场高级定制时装发布会。他打造了一个全新的女性形象，年轻、独立、时髦，所有媒体对此赞不绝口，而他也被热情地冠以"时尚小王子"的称号。他在接下来职业生涯中用一场又一场充满创造力的秀，书写了那个时代的风格学词汇，用无法模仿的笔触，让简约与气派并驾齐驱。

1966年9月26日，第一家圣洛朗左岸（Saint Laurent Rive Gauche）店在图尔农路21号开张了。这是第一家以高定设计师名字命名的成衣店。他所设计的成衣系列使更多女性得以将优雅和舒适合而为一。他推出的简洁便装裁剪堪称完美，尺寸齐全，好搭配，不挑人，让人很有购买欲。这一决策立即取得了令人震撼的成功：大家争先恐后地将这些价格极具竞争力、裁剪无可挑剔的衣服收入囊中。

除了高定时装和成衣，伊夫还参与舞台服装的创作，因而他的时装有时也充满了戏剧化。有人指责伊夫·圣洛朗有时过于强调唯美，甚至把服装做成了炫技的华服，几乎是凝固的艺术品。但是正是因为他知道如何完全掌控高级定制时装和舞台服装的两面性，伊夫·圣洛朗才能在时尚界独树一帜。

20世纪90年代，伊夫的健康状况变得越来越差，他不再接受任何采访，躲避各种噪音、喧嚣。1998年6月，他终于宣布停止主持成衣系列的创作，由阿尔伯·艾尔巴茨接任成衣部的艺术总监。

其实早在1993年，赛诺菲（Sanofi）集团就以6.5亿美元收购了Yves Saint Laurent集团，但是高级定制时装屋仍然控制在伊夫·圣洛朗和皮埃尔·贝尔热手中。1999年，赛诺菲集团以10亿美元的价格将Yves Saint Laurent集团卖给了Gucci集团。

2000年3月2日，Gucci集团官宣由汤姆·福特接替阿尔伯·艾尔巴茨担任Yves Saint Laurent品牌女装成衣设计总监。时尚世界的新变化让伊夫感到有些绝望，他无法认可福特的工作，决定退休。2002年1月7日，他召开记者会宣布退休，并关闭高级定制时装屋。告别仪式在2002年1月22日举行。他在蓬帕杜中心举办了一场迷人的回顾秀，展示了时装屋创立40年来的经典作品。320套服装，117位超模，1000位观众。时装屋的工匠们被安排在第一排就座，就像那些名流一样。所有人的心情都是一样的，感觉自己在亲身参与高级定制时装史上独一无二的时刻。

2008年6月1日，饱受病痛折磨的伊夫·圣洛朗在巴黎的寓所中去世。葬礼于6月5日在巴黎圣洛克教堂举行。

2. 主要成就

时任法国总统在葬礼上致辞道："圣洛朗的离去令法国时装界失去了一位重要领袖。他的离世对时尚界、对整个法国来说，都是一个非常悲哀的消息。"

在将近半个世纪的时间里，伊夫·圣洛朗主宰了时尚。他用自己的高级定制时装和成衣带来了时代的变革，用一场没有硝烟的革命彻底颠覆了女性形象。他不仅用男性符号包装他的女性客户，赋予她们更加有力量的态度。同时，与之完全相反的是，他也通过提升女性美，让她们变得更加优雅和高贵。他用克制与大胆，朴实感与戏剧性共建时尚，将服装提升到艺术品的高度。他把黑色从代表哀悼的颜色中拉了出来，前无古人地将红色与粉色搭配，让黑色西裤套装走进了贵妇的客厅，将撒哈拉的短袖上衣带到了巴黎左岸的街头。他还向蒙德里安、马蒂斯、布拉克、毕加索、科克托和俄罗斯芭蕾致敬，所有这一切都美得让人无法呼吸（图16-26）。

1965年的"蒙德里安裙"载入史册。他将羊毛针织布当成画布，将蒙德里安画作的规则运用到直筒裙的设计中：鲜艳的色调和中性色，哑光和亮光，还有皮革和针织、油布和皮草等各种材质。和绘画一样，一切都在色调的明暗变化、对比或者调和的效果中表达，并且一切都遵循这位大师的表现手法。所有媒体都宣称："圣洛朗创造了他的抽象时代。"这也是时装界第一次真正地从一件艺术作品中汲取灵感。他经常将艺术、文化等多元因素融于服装设计中，汲取敏锐而丰富的灵感。1979年的"毕加索"主题，其云纹图案源自毕加索的画作，造型现代、时尚；梵·高的《向日葵》在圣洛朗的服装中出现时，其色彩的华美和造型的简洁都臻于极致。尤为称道的是，他善于将绘画色彩用于服装上，黑色、宝蓝色、粉色、紫色是他偏爱

图16-26　伊夫·圣洛朗的作品

的颜色，他的对比色彩的运用和搭配，精妙绝伦，无人企及。

1966年2月，他大胆地设计了第一套黑色西裤套装（Smoking），一件严谨的男式无尾常礼服，搭配斗牛士衬衣和直筒长裤，就像其黑色天鹅绒晚装套装一样，整套衣服都用绸缎镶边。这并不是把女性打扮得跟男人一样，而是让女性形象更加现代，同时又不失优雅。后来他又将黑色西裤套装衍生出不同版本，将长裤改成了半身裙、短裤，甚至还有连衣裙版。在他的葬礼上，包括总统夫人在内的众多女性都穿着他设计的黑色西裤套装，以此向这位大师致敬。

圣洛朗的创作主题广泛、题材多样，熔炼素材的手法圆熟而精到。1967年春夏的"非洲主题"中，以贝壳为主的珠链编织成应时的超短裙，将原始的质朴和精湛的工艺相融，把对"迷你"潮流的把握渗入野性的热烈表现中；1976年的"中国主题"则灿烂豪华，异国风情与民族特色同圣洛朗的美丽服饰、缤纷色彩和谐交融。他的设计没有挺括的外形和过于复杂的裁剪，但用料精致华美，线条温婉恰当。圣洛朗的高级时装是时尚与传统、艺术与工艺的完美结合。

1983年，纽约大都会博物馆举办了伊夫·圣洛朗回顾展，这是该馆首次为在世的时装设计师举办个人展览。

1985年，中国美术馆举办了圣洛朗二十五年作品回顾展，他也因此成为第一位在中国举办作品展的西方时装设计师。

1998年夏天，在法国世界杯足球赛闭幕式上，伊夫·圣洛朗四十年来创作的时装覆盖了整个绿茵场。当来自世界各地的300名超级模特把法国世界杯的热潮推向绚丽缤纷的时装天堂时，从某种意义上来说，它就是一场完整的圣洛朗时装回顾展。

伊夫·圣洛朗被三任总统先后授予法国国家荣誉军团骑士勋章、司令勋章、高级军官勋章。

2022年1月29日～5月16日，皮埃尔·贝尔热—伊夫·圣洛朗基金会联合巴黎卢浮宫、蓬皮杜艺术中心、毕加索博物馆等六家博物馆，共同举办大型联展"博物馆中的圣洛朗"，以前所未有的独特方式来回顾这位天才设计师的创作一生，探讨他的作品与艺术品之间的深刻关联。

他的作品是完美的古典主义优雅和犯规、革新、充满巧思的大胆之间的巧妙融合。正是他这种将表面看起来对立的价值观结合在一起，从中提取出极具个人特点的原创造型的手法，让整整一代人都对时尚充满了渴望。伊夫·圣洛朗对女性之爱的智慧表达得到了她们的认可和感激，他最美的爱情故事就是他用自己的天赋给所有女性带来的幸福感。

十四、三宅一生

1. 个人经历

三宅一生（ISSEY MIYAKE，1938～2022年，图16-27）于1938年4月22日出生于日本广岛。他对时尚的兴趣始于研究他姐姐的时尚杂志。

1964年三宅一生在东京取得了多摩艺术学院平面设计文凭。1965年他前往世界时尚之都巴黎，进入巴黎高级女装联合设计学校学习。1966～1969年，他先后在姬龙雪和纪梵希高级时装公司担任设计助理。

图16-27　三宅一生

1969年，他搬到纽约，在那里遇到了克里斯托和罗伯特劳森伯格等艺术家。他就读于哥伦比亚大学英语班，并在第七大道为设计师杰弗里·比尼工作。1970年他回到东京，成立了三宅一生设计室，此后相继成立了三宅一生国际公司、饰品公司、欧洲公司、美国公司等，任董事长与设计师。

三宅一生于1971年推出首个作品系列，并于1973年秋冬季开始参加巴黎时装周。在巴黎，三宅一生意识到西方与亚洲时装的一个不同点："西方服装裁剪从人体出发，而日本服装裁剪从材料出发。"他认为，传统的欧洲高级时装过多地考虑了服装结构的设计，使穿着者有被束缚的感觉，而这正是现代女性所要放弃的。所以他在设计过程中更为关注的是对新材料的研究。在日本，有一百多家工厂专门为他生产面料。他的独特性就在于将技术与传统结合在一起。他的面料研发与服装生产仍然在日本进行。

20世纪80年代后期，三宅一生开始试验一种制作新型褶状纺织品的方法，这种织料不仅使穿戴者感觉灵活和舒适，并且生产和保养也更为简易。这种新型的技术最后被称为"三宅褶皱"（也称"一生褶"）。这个概念通过与法兰克福歌剧院的芭蕾舞团合作而引起轰动。在威廉·福希什（William Forsythe）的艺术指导下，芭蕾舞演员们在"一生的褶皱"系列中不断变化着队形。这次合作的成功经验也启发了他使用舞者来展示他的作品。1988年，三宅一生首次在"ISSEY MIYAKE"系列推出褶皱元素作品，随后不断发展演变，至1994年春夏系列，正式作为独立的系列推出（图16-28）。

图16-28　三宅一生的作品

1994年，三宅一生推出其经典香水——"一生之水"。这款香水以其独特的瓶身设计而闻名，瓶身设计灵感来自巴黎铁塔，透明的玻璃、干净的线条、顶端一粒圆润的珠子如珍珠又如水滴般润泽，高贵而永恒。这款如泉水般清澈的香水是三宅一生创造力和独特风格的忠实反映。

2000年，"Bao Bao"系列作为PLEATS PLEASE ISSEY MIYAKE的副线面世，于2010年秋冬系列中正式成为独立品牌。这个系列依托创新理念与生产工艺，用菱格片排列出无限百搭的手袋造型风格，同时利用三角形结构的特点，菱格片将二维平面变换为三维立体空间的全新形式。

2007年，三宅一生成立了"现实实验室"。这个有十一位成员的团队，由年轻的实验者和资深工程师组成，致力于新的制作方式。"设计的任务是将概念变成现实，并积极进行试验，直到产品将由使用它们的人掌握。"

2010年，三宅一生推出品牌"1325. ISSEY MIYAKE"。这一新项目始于"现实实验室"团队之间的合作，将创新生产工艺与设计的制衣理念融为一体。品牌所代表含义为：一块布成衣（1D）却同时呈现立体三维形态（3D），而3D材料折叠后则变为平面二维状态（2D），最后，通过被人穿着，转换成一种超越时间和维度（5D）的存在。通过与计算机科学家合作，面料可以折叠为各种三维形状，然后进行印刷，从而在不同的位置进行切割。

三宅一生已经发展成为拥有大批创造型人才和创新技术的国际化公司，旗下现有覆盖服装、配饰、香水、基金会等十余个品牌。但其核心设计风格——从一根丝线的研发开始设计创新面料——已经超越了几代人。三宅一生本人从20世纪90年代末开始，逐步从各个时尚产品线抽离，设计师另有其人，他专注于创新研究，但是他仍然是把控旗下所有品牌和副线发展方向的总舵手。

2022年8月5日三宅一生因病在日本的家中去世，享年84岁。

2. 主要成就

三宅一生被称为现代的福尔图尼（Fortuny），他将20世纪初出现的真丝褶皱面料，以合成纤维和明亮的色彩进行重新演绎。对他来说，技术与手工和艺术同样重要。和所有日本人一样，他从不区分造型艺术与实用艺术。同样，他也不会将材料分为三六九等。在他看来，无论是合成纤维还是天然纤维都值得被认真处理，做出精美的设计。这种毫无偏见的看法给予了设计师在款式制作上极大的自由性。他拒绝将他的衣服称为"时装"，而评论也常将他的作品称为雕塑作品。2005年他被授予"世界文化奖"雕塑类终身成就奖。

他不屈服于西方要创造"风格"的怪癖："我的风格来自生活。"所以从品牌创立开始至今，三宅一生的设计始终专注于"一块布成衣"的制衣理念，他的款式不是根据人体做的，它们给了身体想要的自由。"一块布"系列在2000年被日本工业设计促进组织授予年度最佳设计大奖。

他推出的褶皱系列注重实用穿着性，轻盈防皱，无须干洗，可以随意折叠收纳，便于储存和携带；百搭的实穿性使其适用于各种场合，充分满足了现代女性每日出席不同场合的服装需求。

"1325."系列采用改良的可回收聚酯织物，"再生和重造"的生产理念与创新科技完美融合，不断地创新和挑战，传达出现代制衣的新理念。2012年，该系列被伦敦设计博物馆授予年度设计大奖。

"Bao Bao"系列将不经意的美丽、趣味与惊喜带给使用者，同时也考量实用性，令手袋可适用于日常生活中的任何场合。

"设计不是为了哲学而存在，而是为了生活""给穿戴者带来快乐和幸福的服装"是三宅一生长期追求的制衣理念。2006年，他获得有"日本诺贝尔奖"之称的"京都奖"思想与艺术大奖。

三宅一生不重复西方人的道路，把日本的传统文化与东西方的经验结合起来，在时装上把东西方的服饰观念推向全世界，在古老的东方文明中探寻新的灵感。他打破设计偏见并开拓新观念、新方法，给予西方时装领域以巨大的冲击。1997年，他获得日本政府颁布的紫绶带勋章；2010年，他被授予日本文化勋章；2016年，他被授予法国荣誉军团勋章。

十五、高田贤三

1. 个人经历

高田贤三（Takada Kenzo，1939～2020年，图16-29）于1939年2月27日出生于日本兵库县姬路市，在家里七个孩子中排行第五，父亲经营一家旅馆。他儿时就跟姐姐们一起津津有味地阅读时尚杂志，显露了对时装的热爱。然而父母并不支持他对时装的爱好，所以1957年，他只能进入神户市外国语大学学习。

1958年，父亲去世后，他决意退学，进入当年刚开始招收男性学生的东京文化服装学院就读。1961年，他在日本"装苑赏"时装大赛中获奖。毕业后，他担任三爱百货公司的女装设计师，每月设计四十多套服装，积累了不少经验。

他一直将巴黎视为心中的时尚圣地，而伊夫·圣洛朗则是他的偶像。1964年12月，高田终于怀揣着理想，满怀热忱登上了前往法国的邮轮。一个月后，他在马赛登陆，转乘火车抵达巴黎。

初到巴黎的高田贤三语言不通，举目无亲，只能通过向设计师和杂志社投稿，换取一些微薄的稿费，以此打开通向时装圣殿的大门。生活的艰辛和事业的低迷让他一度想要放弃这一切回到日本，但是他最终决定一定要干出点成绩才能回国。

机会总是留给有准备的人的。1970年高田在巴黎胜利广场圣母院附近的薇薇安画廊以优惠的价格租到了一个小空间，开设了自己的第一家时装店，成为第一个落户巴黎的日本设计师。受到亨利·卢梭的作品《梦境》的启发，他和几个朋友一起将店中的背景墙画成了丛林，店铺也被命名为"日本丛林（JUNGLE JAP）"。4月，他的第一场时装秀在这里成功举办。他的时装系列充斥着宽松的日本式样、印花和热情的色彩。模特们蜂拥而出，就像灿烂的向日葵，每个人都热爱这种新的、年轻的时尚（图16-30）。他的努力很快得到了回报，同年6

图16-29　高田贤三

图16-30　高田贤三的作品

月，*Elle* 杂志封面上刊登了他的一件作品。

1971年，他首次前往美国，在纽约办秀。美籍日裔联盟认为他品牌中的"Jap"有贬义，因而要求他去掉这个表述。虽然根据法院的裁判他仍然可以保留这个名字，但是，他在和团队讨论后，还是在1976年将品牌名字改为Kenzo了。1976年10月，高田在胜利广场开设了Kenzo旗舰店。

他的作品一反西方服装传统，以大廓型为特征，并且充满异域民族风味，很快征服了20世纪70年代的年轻大众，他们追求的正是这种周游世界的风格。

高田贤三的业务在20世纪80年代蓬勃发展。Kenzo的年销售额从1979年的3000万法郎增长到1984年的2.4亿法郎。1983年他推出了第一个男装，1987年推出了童装和家居产品，1988年又推出了香水。

1993年，高田贤三将自己的品牌以8000万美元的价格出售给奢侈品集团LVMH。1999年末，他宣布退休。

2003年，他以独立设计师身份，负责为2004年雅典奥运会设计日本运动员的入场式服装。

2005年，他决定重新开始工作，这次他把创作领域从时尚放到了装饰艺术上，创立了一个新的品牌"五感工坊"，创作并出售餐具、家居用品和家具等产品。

2010年，时年71岁的高田贤三在享誉时尚界三十年之后于巴黎的一家画廊举办了他人生的第一场画展"某种生活方式"。八幅带有异域风情、绚烂色彩与自然元素的高田贤三自画像，使人不禁联想到他那以印花而闻名的品牌，以及他永远旺盛的创作热情。

2020年1月，高田贤三又推出了豪华家居和生活方式品牌"K3"，设计家具、地毯及陶瓷器等产品。

2020年10月4日，高田贤三因病在巴黎去世，享年81岁。

2. 主要成就

高田贤三捕捉到了20世纪70年代初期的嬉皮士精神，将万花筒般的色彩、文化多样性与东方感性相结合。他具有与众不同的能力，使用秘鲁披风、花卉图案和彩色绒球来玩转印花、肌理和色调的混搭和碰撞，以他独有的愉快气氛使嬉皮时尚变得高雅。异域图案与风格的组合成为Kenzo品牌标志，这为他赢得了"时尚小王子"的绰号。他以大胆不羁而闻名，对他来说，时尚是关于幻想和创造梦想的，从他的祖国带来了和服式的简单裁剪，但是他还从世界各地汲取灵感——非洲大袍、英国雨衣和葡萄牙钱包，以及来自南美、东方和斯堪地那维亚地区的元素，形成了宽松、舒适、明亮的独特风格。高田贤三的才华被《泰晤士报》认为"仅次于圣洛朗"。

与其他随之而来落脚巴黎的日本设计师相比，高田贤三的设计风格无疑是最欧化的一个，他也是 20 世纪 70 年代崛起的明星设计师中款式风格至今仍深受人们欢迎的设计师之一。

他于 1984 年得到法国政府授予的法国艺术文化骑士勋章；1999 年获得日本政府颁布的紫绶带勋章；2016 年获得法国政府颁发的骑士荣誉勋章；2017 年获得第 55 届日本时尚编辑俱乐部大奖终身成就奖。

十六、薇薇安·韦斯特伍德

1. 个人经历

薇薇安·韦斯特伍德（Vivienne Westwood，1941～2022 年，图 16-31）原名薇薇安·伊莎贝尔·斯怀尔（Vivienne Isabel Swire），于1941 年 4 月 8 日出生于英国德比郡的格洛索普。她的父亲是航空企业的工人，母亲在一家杂货店工作。她从小就很叛逆，也很爱美，少女时期就会自己改造服装，或者制作饰品，展现原创能力。

1962 年，她与一个叫德里克·约翰·韦斯特伍德的帅小伙结婚，并设计了自己的婚纱。但是这段婚姻只维持了三年。

两年后，她和马尔科姆·麦克拉伦相识相恋。他家里是做裁缝的，而他自己则酷爱音乐。薇薇安照着猫王唱片封套上的照片为他做了一身衣服，得到了国王路一家唱片店老板的赏识，进而在店里辟了一个角落给他们卖衣服。她的时尚设计师生涯由此开始。

图 16-31　薇薇安·韦斯特伍德

她在国王路上的小店顾客盈门，店名更换的速度和各种运动的转变同步。1971年，她以"尽情摇滚（Let It Rock）"为店名，卖的是 20 世纪 50 年代风格的服装。披挂款服装、松糕牛津鞋、泰迪男孩、摇滚风。1972 年，她将店招改为描写詹姆斯·迪恩的名言"活得太匆忙，死得太年轻（Too Fast to Live, Too Young To Die）"，销售以爵士乐迷为灵感的服装款式和摇滚风格的黑夹克。到了 1974 年，小店开始挑战大家的神经，店招用巨大的字母拼成了"性（Sex）"，在其他设计师还没有意识到"朋克"的毁灭性力量之前，韦斯特伍德就抓住了它骨子里的叛逆本质。女性魅力的传统元素，如网状丝袜、浅黄色印花和黑色皮革，在她手里被撕坏扯破，并用别针扣住。

1978年，随着性枪手乐队的分裂，薇薇安不再留恋朋克，转而定下了新浪漫主义的基调，开始在服装史和裁剪中研究技术，仔细研究维多利亚和阿尔伯特博物馆的收藏，在历史中寻找灵感，寻求全方位的创新，坚定地挑战时代。她和麦克拉伦也渐行渐远，并在20世纪80年代初分道扬镳。

1982年起，她开始定期在巴黎举办发布会。1985年她得到了财务公司的支持，为公司带来了稳定的财政收入和国际化的定位。

1992年，她受聘为维也纳应用艺术学院的荣誉教授，在这里，她遇到了比她小25岁的安德烈亚斯·科隆萨勒，两人步入了婚姻，他们既是生活中的伴侣，也是事业上的伙伴。2016年，为感谢他在过去二十五年里为品牌所做的贡献，韦斯特伍德将同名金标系列更名为"Andreas Kronthaler for Vivienne Westwood"。

2006年，韦斯特伍德在读了英国环保主义者和未来学家詹姆斯·洛夫洛克的书后，意识到了可持续发展的重要性，她转变成为一个真正的环保主义设计师，不喜欢别人把她的绿色行动当成是肤浅的投机主义。

2012年1月，她向清凉地球协会（Cool Earth）捐了一百万英镑，用于保护亚马逊热带雨林。2012年夏天，她设计了一些T恤，销售收入用于帮助气候难民和环境正义基金会组织（EJF）。她在服装上加上口号，把超模们都变成为地球服务的缪斯女神。在她的时装中经常能看到一些"绿色"口号：警告气候变暖问题的"+5度"或者表明了她新的主题思想的"少买优选，理性消费"。

虽然她坚决反对将时尚看成是生意，但是她在全世界有二十多家自营精品店（三家在伦敦）、四十多个大商场专柜、五百个零售点。她在伦敦、巴黎、米兰、洛杉矶和纽约都有一个媒体办公室，负责推广她的作品。如今，她的时尚王国里包含了准高定线"金标"，高级成衣线"红标"，男装线，副线"英国迷"。她是英国时尚工业不可缺少的一分子。

2. 主要成就

有人用"颓废""荒诞""离经叛道"等字眼来形容薇薇安·韦斯特伍德的服装，因为她那种长短不一、稀奇古怪、没有章法的服装着实让时装界吃惊。她和川久保玲一样，以前卫的设计颠覆传统的审美。人们可以不恭维她的作品，却不能不被她的独特的设计思想而震慑。人们不得不承认她那罕见的、乖僻古怪的设计思想对当今时装界的影响是深远的。有人称她创造了华丽时代的叛逆时尚。她的设计没有成为巴黎时装的主宰，也形不成潮流，但她的影响却是在观念上的，她的思想极大地冲击了传统的时装界。

她是一个伟大的时装史学家。她还有一个很大的优点，就是持续性。她的理念一以贯之。她是一个现代偶像，不同寻常。她将自己的时装技术和英式幽默很好地结合在了一起。她勇于表达自己的观点，因为她相信自己，这是自我尊重的一种表现。她也有非常简单的一面，例如，她骑自行车去公司上班。她以抽象的形式表达厚重的文化：当她要制作一件以17世纪为灵感的裙子的时候，她一方面运用出色的工艺知识，另一方面融入她的抽象艺术概念（图16-32）。

在英国时尚大奖评选中，她先后于1990年、1991年两次获得英国年度设计师奖；2007年获得时尚杰出成就奖；2018年获得积极变革奖。

1992年，韦斯特伍德被英国女王伊丽莎白二世授予大英帝国官佐勋章。因为其对时尚产业的贡献，2006年被晋级为爵级司令勋章。

维多利亚和阿尔伯特博物馆于2004年举办了她的个人作品回顾展。

图16-32　薇薇安·韦斯特伍德的作品

2008年，赫瑞瓦特大学授予韦斯特伍德荣誉文学博士学位，以表彰她对苏格兰纺织品行业的贡献。

2012年，为庆祝女王伊丽莎白二世登基六十周年，英国广播公司选出六十位最能"诠释"伊丽莎白二世在位时代的英国名人，韦斯特伍德名列其中。

薇薇安·韦斯特伍德被称为"朋克圣母""荒诞的韦斯特伍德小姐""怪夫人""古怪的巨星"。在创立了朋克风格、经历了几次高潮、扯破很多长筒袜后，她如今被大家尊为"伦敦时尚女王"，可以骄傲地戴上她在摇滚乐和裙撑领域"威武女王"的皇冠。作为一名大胆、激进、叛逆的设计师，韦斯特伍德是时尚星球上最有创造力的设计师之一，很多设计师都从她的作品中或多或少地汲取了灵感。她的肆无忌惮、她的精湛技艺、她的幽默诙谐，都让人过目不忘。做了很久的边缘人，现在的她在英国被认为是制造冲突和打造形象的绝对权威。

十七、川久保玲

1. 个人经历

川久保玲（Kawakubo Rei，1942～，图16-33）于1942年10月11日出生于日本东京，是父母三个孩子中最大的一个，也是他们唯一的女儿。父亲是庆应义塾大学的一名管理人员。

1960年，川久保玲进入她父亲的大学，并获得了"美学史"学位，该专业包括亚洲和西方艺术的研究。1964年毕业后，川久保玲在一家纺织公司的广告部门工作，因而获得了很多面料方面的专业知识。1967年她辞去了公司宣传部的工作，成为一名非科班出身的自由时装设计师。

1969年，她在东京成立了自己的公司，并于1973年创立Comme des garçons品牌，该品牌在法语中意为"像男孩一样"。两年后，她开设了第一家精品店，并举办了首次个人女装系列发布会；1978年，她增加了男装系列设计。

图16-33 川久保玲

1981年，川久保玲进军巴黎，在时装周期间发布了她在巴黎的首秀。这场发布会引起了强烈的冲击。这个名为"蕾丝"的系列让观众感到不舒服。衣服表达了破坏、绝望和厌恶，破旧、丑陋甚至可以用"衣衫褴褛"来形容。媒体评价这场秀就像是受到核打击后的送葬队列，黑暗、破烂、毫无表情。她的设计在服装界造成了轰动，而在西方社会更造成了类似于"电休克"的效应。

川久保玲说："我觉得暴露身体的衣服并不性感。"并继续设计色彩灰暗的不对称、几何形、超宽松的长长的衣服与华丽高雅的西方女装传统抗衡。她继续说道："穿着我设计的衣服，女性们不必留着长发，也不需以丰乳肥臀来显示所谓的女性美。"

1988年，她创办了一本杂志《六》，意为"第六感"。这本半年刊的特点是很少的文字，主要由她认为鼓舞人心的照片和图像组成，摄影、诗词、绘画和家具应有尽有，唯不见广告文字穿插。杂志展现了川久保玲对视觉美学的前瞻性与痴迷。

1997年，川久保玲以令人眼花缭乱的方式重新审视了人体的比例，在最意想不到的地方进行填充，并使人体变形——舞台上的模特们就像身穿移植来的畸形东西，显得荒诞（图16-34）。

图16-34 川久保玲的作品

当然，生活中我们可以去掉垫子，只穿她完美裁剪的衣服。但是，公众注意到的是她对人体的思考和她的表现手法。作为当今世界最著名也是最有争议的设计师之一，川久保玲给消费者提供了新的想象空间和选择余地。

2004年，川久保玲改造了一家位于柏林旧城区的旧书店，进行为期一年的限时经营，用不那么昂贵的方式售卖Comme des garçons过季成衣。不仅租金低，其他成本把控也更严格，装修费仅2000美元。这种集高贵、亲民、集市、时尚等反差极大的概念于一体的快闪店受到消费者尤其是年轻潮人的追捧。这家店在一年内售空了品牌全部库存，这种全新的限时"快闪"店的经营模式被广泛关注，后来更被各大品牌争相效仿。

目前，公司旗下已经发展出了女装、男装、针织、衬衫、钱包、香水等多个产品线，是一个真正的时尚帝国。

2. 主要成就

川久保玲是反时尚运动的倡导者，灵感据知来自日本美学中的不规则和缺陷文化。对她来说，展示一件像跳线的毛衣那样有窟窿和抽丝的套头衫是再正常不过的了。那些曾引起争论的作品已经被各个博物馆收藏，但在当时，川久保玲在让人们接受"不完美也是一种美"的观念时，遇到了重重困难。她的创作概念和特色引起了时尚评论家的不少争议，也带动了后进设计师的服饰设计。

1983年，川久保玲获得每日新闻时尚设计奖；1987年，获得美国纽约FIT时尚设计学院荣誉学位；2017年，她成为继伊夫·圣洛朗之后，第二位在世时就在纽约大都会博物馆举办个人回顾展的设计师。

她和山本耀司、三宅一生被称为日本时装设计的三驾马车，是对当代服装设计影响最大的设计师之一。

十八、山本耀司

1. 个人经历

山本耀司（Yohji Yamamoto，1943～，图16-35）于1943年10月3日出生于日本东京。父亲在"二战"中去世，母亲为了养家做起了裁缝的工作。那个年代日本的裁缝地位非常低下，所以收入自然并不乐观，他母亲需要经常夜以继日地赶工以换取微薄酬劳，加上居住地属于当时日本贫民窟下町地区，非常简陋脏乱，沉重的黑色氛围和母亲的秉烛剪影就成为山本童年的两种深刻景象，并似乎深深植根在他日后的美学概念当中。

图16-35 山本耀司

逆境中成长的山本耀司学习非常刻苦，1966年获得了庆应义塾大学法学学位。可是从小受到熏陶的他对裁缝这一职业产生了极大的兴趣。毕业后便到欧洲各国游历，也就是在这时，山本耀司意识到制作服装可以和绘画一样成为一门具有创造性的艺术。回到日本后，他不顾身边人的反对，放弃了未来的法律职业，到东京文化服装学院学习服装设计。1969年他以优异的成绩毕业，并且获得了日本装苑奖和文化艺术学院的远藤奖学金，赢得赴法国学习设计一年的机会。

1970年，他回到日本，帮着母亲一起打理裁缝铺，两年后，他成立了自己的公司"Y's"。1977年，他在东京首次举办了个人作品发布会。1979年，他推出了"Y's"男装线。

1981年，他与川久保玲携手亮相巴黎时装周。他们的出现对西方时尚界带来了巨大的震动。当时欧洲主流时尚美学标准是面料精致、色彩高雅、裁剪合身。而山本耀司在处女秀上展示却是粗糙、宽松、无彩色的黑色衣服。秀场上的模特，一个个就像是从遥远的星球来的女诗人。他的设计和西方传统着装完全背道而驰，给当时时装界带来极大震撼，引起了激烈的讨论。同年，他在巴黎开设了一间时装店。1982年，他又亮相纽约时装周。

2008年，山本耀司在中国友好和平基金会下设立了山本耀司和平基金，用以资助中国时装产业的发展并增进中日两国间的友谊。

2009年，山本耀司因公司经营不善，申请破产保护。那时的他考虑过隐退，但想到一路支持他的纺织厂、染坊，他意识到身上背负着重大的责任。所幸，一家投资公司接手了山本的公司，并重新成立了Yohji Yamamoto公司。这家濒临死亡的公司很快恢复了运转，业绩稳步提升。

除了时装之外，山本耀司还是音乐人，发行过多张原创专辑；他也是作家，出版过《做衣服》等多本著作；他甚至还是空手道黑带，文武双全。

2. 主要成就

山本耀司曾经在法国学习时装设计，但他并未被西方同化。他喜欢从传统日本服饰中吸取美的灵感，借以层叠、悬垂、包缠等手段，通过色彩与质材的丰富组合来传达时尚的理念，形成一种非固定结构的着装概念。他从两维的直线出发，形成一种非对称的外观造型，这种别致的意念是日本传统服饰文化中的精髓，因为这些不规则的形式一点也不矫揉造作，显得自然流畅。在山本耀司的服饰中，不对称的领型与下摆等屡见不鲜，而该品牌的服装穿在身上后也会跟随体态动作呈现出不同的风貌。这种与西方主流背道而驰的新着装理念，不但在时装界站稳了脚跟，还反过来影响了西方的设计师。美的概念外延被扩展开来，质材肌理之美战胜了统治时装界多年的装饰之美。其中，山本把麻织物与黏胶面料运用得出神入化，形成了别具一格的沉稳与褶裥的效果（图16-36）。擅长于新面料的使用也是众多日本设计师共同的特点。

山本耀司于1994年得到了法国政府授予的法国艺术文化骑士勋章；2004年获得日本政府颁布的紫绶带勋章；2005年获得日本经济产业省颁发的日本品牌发展（贡献企业）奖；2005年获得法国政府颁发的军官荣誉勋章；2011年获得法国国家荣誉军团司令勋章。

2005年，巴黎的时尚与纺织博物馆为他举办个展；2011年，伦敦维多利亚与阿尔伯特博物馆举办了他的作品回顾展。

图16-36　山本耀司的作品

如今的山本耀司已经成为很多人的偶像。最初那些严肃沉闷的设计变得明快起来，服装也变柔和了，有时出现了腰线，有时会加上一点色彩了。他的发布会也越来越像诗意的舞台剧。

今天的山本耀司享受到来自东西方的尊敬，并且得到了多重荣誉。很多艺术家声称自己只穿山本耀司。

十九、缪西亚·普拉达

1. 个人经历

缪西亚·普拉达（Miuccia Prada，1949～，图16-37）原名玛丽亚·比安奇（Maria Bianchi）于1949年5月10日出生于米兰，母亲路易莎·普拉达是Prada品牌创始人马里奥·普拉达的女儿，父亲路易吉·比安奇是一位海军军官。她从小就热爱打扮，喜欢参观美术馆以及各种戏剧。她在米兰贵族高中学业出色，也是他们学校唯一一个率先穿上嬉皮士服装的人，展现了最初的叛逆。高中毕业后，她一边在米兰大学修了政治学，一边在短笛剧场认真学习戏剧艺术和哑剧艺术课程。之后，她在剧院工作了五年，演一些小角色。她

图16-37　缪西亚·普拉达

想自力更生，并不想参与家族产业。

Prada公司是由缪西亚的爷爷马里奥·普拉达和他的弟弟马蒂诺在1913年共同创立的。他们在米兰最负盛名的地标性建筑伊曼纽尔二世长廊里开了一家专营奢侈品的精品店。1919年，这个皮具工坊获得了"意大利王室官方供应商"的头衔，因此在它的品牌标志上装饰了萨伏伊家族的纹章和结饰。1958年，马里奥去世后，公司交到了他两个女儿手中。20世纪70年代，品牌受到同行竞争等影响，生意一落千丈。迫于来自母亲的压力，缪西亚回到了家族企业。

缪西亚的职业生涯从设计包袋开始，她设计的作品都获得了成功，这使她得到了很大的鼓励。1977年的米兰国际皮革箱包展上，她结识了实业家帕吉欧·贝尔特利，他经营着一家自创的皮革公司。两人很快达成了事业上的合作，并在十年后结为夫妇。

1978年缪西亚接管了家族企业。为了在家族企业内部树立威信，她把自己过继给未婚的姨妈，随姨妈姓普拉达，这样她就名正言顺地成为Prada公司的"本家人"。

20世纪80年代中期，她用一种朴素的黑色面料制作了品牌第一款尼龙双肩背包，马上掀起热潮，成为当时最流行的单品。

1988年她决定离开家族企业的稳定舒适圈，在米兰秋冬时装周上推出了第一个成衣系列。但是那个时期的意大利时尚流行的是一种奢华性感的风格，她所倡导的极简风格的酷时尚直到20世纪90年代才风靡全球（图16-38）。

图16-38　缪西亚·普拉达的作品

1992年，她开始商业化运作另一个品牌，这是一个更便宜、更叛逆的系列，主要针对更年轻的客户群体，就用她的小名"Miu Miu"命名。1994年推出了男装系列，1997年推出了Prada运动线，2000年推出了Prada美妆。

在一次采访中，她承认，"我不再设计漂亮的衣服，相反，我用那些丑的面料、坏品位。"她就这样和年轻一代设计师的反时尚运动相遇了。与此同时，她个性中无拘无束的天性被充分表达在她的设计理念中，她设计的服装能容许穿着者运动自如，远离所有的束缚与限制。当大部分设计师都认为暴露是性感的时候，Prada就用高领的真丝女衬衣来显示女性独特的魅力。

2006年，好莱坞电影《穿普拉达的女魔头》热映，更将这一品牌推上了时尚尖端。

在开拓市场方面，缪西亚眼光独到。进入中国市场，2011年，Prada在香港上市，并在内地大举扩张。2012年，普拉达在中国的净销售额增长了35%。

缪西亚·普拉达与她的丈夫都非常热爱当代艺术。他们在1993年创立了普拉达文化艺术基金会，并担任联合主席，旨在推广当代艺术展览以及其他剧院、哲学与建筑相关文化活动。2011年，普拉达文化艺术基金会在位于18世纪威尼斯王后宫的威尼斯展览空间开幕。2015年5月9日，全新米兰展馆对外开放。

2. 主要成就

缪西亚·普拉达和丈夫帕吉欧·贝尔特利，一个是创意总监负责设计，一个是CEO负责运营，联手将Prada从一个家族皮具公司变成了一个全球知名奢侈品帝国。在《时代》周刊评选的"全球最具影响力人物百人榜"中，她是唯一一位入选的女设计师。

她就是那些每年要构思十几个系列的设计师的代表，和庞大的团队一起工作，还要监管全球数百家商店。她经常被形容为时尚界的"硬驱"，因为她的服装是各种直觉的组合，敏锐把握时代气息的同时，展现巨大的文化遗产。在统治了她的时尚帝国超过四十年之后，她继续用优雅的反成规和颠覆的复古风灌溉自己的生活和创作。她成功的秘诀未曾改变：清晰的线条、柔和的色调和大地色的混合以及完美的做工，这一切都成为她这个离经叛道的品牌的烙印。

缪西亚·普拉达获得了诸多荣誉，包括2000年被伦敦皇家艺术学院授予荣誉博士学位；2004年获得美国时尚设计师协会颁发的国际设计大奖；2006年获得法国文化部颁发的法国艺术文化军官勋章；2013年获评英国时尚大奖所设的"年度国际设计师"奖；2015年获得意大利共和国大十字骑士勋章；2018年获评英国时尚大奖杰出成就奖。

2012年春天，她接受纽约大都会的邀请，在一个奢华的展览"不可能的对话"中，用自己的设计和艾尔莎·斯基亚帕雷利的服装对话。将这两位意大利女设计师拿来对比肯定是很大胆的，但是她们俩确实有很多相似之处。创造力和革新力是她们的关键词。艾尔莎和缪西亚一样，热爱"艺术和建筑"。斯基亚帕雷利探索和运用超现实主义，普拉达对时尚与后现代主义的关系很感兴趣。前者是一些著名的"拿来主义"设计的开创者，后者敢于使用一些反传统的颜色搭配，将一些材料用在非常规的地方。她们俩都拒绝最初级的女性化形象，在她们的服装系列中运用视觉陷阱的效果，用几乎军装化的线条和大量的刺绣进行调和。在激起大家的不同反应和探索无人涉及的审美领域的时候，她们都很喜欢这种一开始不能与大众达成共识的行为。

二十、克里斯蒂安·拉克鲁瓦

1. 个人经历

克里斯蒂安·拉克鲁瓦（Christian Lacroix，1951～，图16-39）于1951年5月16日出生于法国南部充满阳光的阿尔勒。他的整个童年都是在那里度过的。这个曾经给梵·高和其他很多伟大的画家们带来无穷灵感的地方，也赋予了拉克鲁瓦热情浪漫的气质。法国、意大利和西班牙三种文化的洗礼，尤其是地中海的古老文明，造就了他对美术、歌剧、音乐歌舞的浓厚兴趣。这一切，都为他将来成为一位才华横溢的时装设计师奠定了基础。

1969年，克里斯蒂安·拉克鲁瓦进入蒙彼利埃大学文学院学习艺术史。1971年，他来到巴黎，在索邦大学攻读硕士，研究18世纪法国绘画中的服

图16-39　克里斯蒂安·拉克鲁瓦

装。之后又进入卢浮宫学院学习博物馆管理课程，希望以后能成为一名博物馆馆长。在巴黎，他认识了两个人生中的重要人物，一位是后来成为他妻子的弗朗索瓦丝，当时是一个媒体人，是她鼓励拉克鲁瓦往时尚界发展；另一位是后来成为他合作伙伴的让·雅克·皮卡尔，当时是公关公司老板，是他真正地把拉克鲁瓦带进了时尚界。

在皮卡尔的介绍下，他于1978年进入爱马仕担任饰品设计助理，正式进入时尚行业。两年后他成为盖伊·波林的助理，1981年，拉克鲁瓦成了巴黎老牌高级定制时装屋Jean Patou的艺术总监。1982年，他在Patou的第一场秀呈现出一种利落简洁的风格，立刻为时装界带来一股清新之风，并使品牌重振旧日雄风，热议度和销售额都大增。

1987 年，LVMH 集团宣布斥资资助拉克鲁瓦成立自己的高级定制时装屋——Christian Lacroix。这位 36 岁的年轻时装设计师紧紧抓住他对高定时装的怀古之情，并且很快形成了一个与市场营销规则相悖的独特现象，使之成为 1987 年著名的大事件。同年 7 月 26 日，他给自己的品牌做的第一个时装秀就引起了轰动，与迪奥和圣洛朗在二三十年前一样得到了热烈的掌声。第二年，他顺势推出了一条成衣线。

拉克鲁瓦在时装界独树一帜，成为八九十年代攻进巴黎高级时装界新的经典人物。然而，他并不满足于在高级时装界的成就。1994 年秋冬成衣展中，他推出了一个运动品牌 Bazar，将高级时装的精致剪裁注入年轻化的时装款式，让华丽和自由轻松结合起来，依然璀璨夺目，却更为活泼潇洒，让年轻一代也能感受到古典法国时装的浓厚气息。

2002 年，他被任命为意大利品牌 Pucci 的艺术总监，成功保持品牌的特色，以多姿多彩的颜色和令人惊喜的图案使品牌形象更鲜明。

然而，媒体的欢呼掩盖不了一个残酷的现实：品牌没有实现国际化，没能赢得新兴市场，以至于到 2004 年，公司始终处于亏损。2005 年，LVMH 集团宣布将品牌卖给了美国 Falic 集团。

情况并没有变得更好。受到金融危机带来的奢侈品市场萎缩的影响，到 2009 年初，Christian Lacroix 公司营业额 3000 万欧元，但是亏损高达 1000 万欧元。尽管品牌形象口碑极好，但这场危机还是带来了致命打击。6 月 2 日，这间拥有 125 名员工的公司宣布破产，并进入为期 6 个月的破产在管观察期。二十二年来，每个人都被他丰满而充满灵感的创作所感动，所以这个消息尤其令人沮丧。

好在，拉克鲁瓦在 1999 年就创立了自己的设计工作室 XCLX，从事所有时尚领域外的业务。他设计了法国高铁内饰、酒店、法航制服、《小拉鲁斯》封面，限定版依云水瓶，成为巴黎钱币博物馆的艺术总监，为勒诺特甜品店设计了一款由 13 种甜点组成的联名柴薪蛋糕，为拉杜丽（Ladurée）甜品店设计了具有高定风范的马卡龙，创作了自己的第一个家具系列，与童装品牌贝蒂巴特（Petit Bateau）和巴黎歌剧院三方合作，推出了一个胶囊系列。此外，为舞台剧、芭蕾舞剧和歌剧创作服装让他感受到了前所未有的快乐。他独特的创作风格与这些作品相得益彰。他用自己独有的风格将具有历史特征的廓型和具有现代感的创意，将灵感的无限自由和艺术的约束限制结合在一起，产生了奇妙的化学反应。

2013 年 7 月拉克鲁瓦受邀回归高定世界，推出了一个致敬斯基亚帕雷利的系列。他设计了十八套服装，在巴黎装饰艺术博物馆中静态展出。这位设计师一丝不苟地再现了斯基亚帕雷利的设计符号，而他那以地中海传统和色彩著称的精致风格，与品牌历史完美融合。然而，这是只此一次的尝试，越是精妙绝伦，就越让人心生遗憾。

2019年，拉克鲁瓦受邀与德赖斯·范诺顿联手创作了Dries Van Noten × Christian Lacroix 2020年春夏系列，这一联名合作在时尚圈引起了轰动。该系列将德赖斯·范诺顿擅长的精细提花与金色刺绣和拉克鲁瓦华丽的宫廷式剪裁结合在一起，打造了一场视觉盛宴。

无论他现在的道路如何，克里斯蒂安·拉克鲁瓦将永远是他那一代最富有想象力的时装大师。他精致的繁复装扮了我们的梦想。他是具有巴洛克风格和地中海风情的18世纪启蒙运动的孩子，是善于运用大量堆叠的珠罗纱和精巧细节的波西米亚时尚工匠。

2. 主要成就

如果只能找出一位设计师来代表20世纪80年代的时装界的话，那么那个人一定是克里斯蒂安·拉克鲁瓦。他的设计呈现了一颗积极愉快的心和一片热情如火的情。他用大量的色彩、华丽的面料和首饰展现了巴洛克式的瑰丽想象（图16-40）。欣赏他的作品如同欣赏一场假面舞会。他的作品华贵典雅、千娇百媚，既有东方女性的神秘，又有伦敦女性的怪异，还有法国女性的浪漫。他生活在现实和幻想之间，却又无时不在试图以时装的方式描绘心灵深处的梦境……

1986年他作为Jean Patou的设计师首次获得了法国高级时装金顶针奖；两年后，他携自己的品牌再次获得该奖项。他还两度获得莫里哀戏剧奖最佳服装奖。

图16-40 克里斯蒂安·拉克鲁瓦的作品

2003～2005年中法文化年期间，Christian Lacroix这个从未进入中国市场的品牌被法国政府选中，作为法国时尚文化的代表，于2005年先后在北京中国美术馆和广州美术学院美术馆展出。

2006年，他被任命为新成立的法国国家舞台服装中心名誉主席。

2007年11月～2008年4月，巴黎装饰艺术博物馆举办了他的个展《克里斯蒂安·拉克鲁瓦：时装史》。

2009年，新加坡国家博物馆举办了他的作品回顾展《克里斯蒂安·拉克鲁瓦，舞台服装大师》，展出了他为戏剧、歌剧、芭蕾等舞台剧所创作的服装及手稿。

克里斯蒂安·拉克鲁瓦的设计几乎可以位列文化遗产。他那些如梦如幻、传奇浪漫的华美服饰，吸引的远不止属于他的忠实客户。尽管他今天继续以其他形式从事设计工作，但大家还是很怀念他当年那些像幸运袋一样给人带来无限惊喜和欢乐、充满了优雅和贵气的时装秀。

二十一、让·保罗·戈尔捷

1. 个人经历

让·保罗·戈尔捷（Jean Paul Gaultier，1952～，图16-41）于1952年4月24日出生于巴黎近郊的廉租房中，他是家中的独生子。他从小就喜欢给玩偶乔装打扮，喜欢随手描绘他看到的女性形象。他对时装很感兴趣，他阅读时装杂志丰富自己的服装史知识，并且向各个高定时装屋寄去他那些画满了彩色草图的画本。

他的坚持得到了回报：刚满十八岁的他得到了皮尔·卡丹的认可，被聘为设计助理。卡丹教他在日常生活的场景中寻找灵感，而不需要一直依靠文化参照。年轻的戈尔捷就像海绵一样，吸收一切知识，练习技能，为未来做准备。此后几年，他又先后在Jacques Esterel和Jean Patou公

图16-41　让·保罗·戈尔捷

司工作，勤加练习，积累了丰富的经验，学会了精湛的缝纫工艺，掌握了面料、色彩、首饰搭配技巧。

1975年他和弗朗西斯·梅努热相识，两人同龄且志趣相投，是真正的灵魂伴侣和事业伙伴，亲密无间，完美互补。第二年，两个年轻人联手，开始缔造属于自己的时尚帝国。然而，因为缺乏资金，没有知名度，11月5日的成衣系列首秀观众稀少，有些惨淡。好在，他后来得到了日本坚山公司的资金支持，渡过了难关。

进入20世纪80年代，他终于在时尚界崭露头角。对戈尔捷而言，时尚没有任何的限制。他曾比喻"时装就像房子，需要翻新"。在他的世界里，没有什么应该做，什么不应该做。用什么途径均不重要，更重要的是如何创新，达到更新的境界。打破所有界限是他的作风。不知有多少次戈尔捷以大胆的创作而令时装界哗然：如将裙子穿于长裤之外，将短裙穿于长装之外，以内衣当作外衣穿着，以薄纱做成棉花糖般的衣服……变化万千。

1997年1月，戈尔捷进入了名人堂。这位高级成衣领域最耀眼的明星被巴黎高级定制时装公会接纳了。尽管有人等着看笑话，但是他没有让媒体失望，他用自己版本的令人惊艳的优雅西裤套装向伊夫·圣洛朗致敬。整场秀既光彩夺目，又谨慎

克制，同时充分展现了对那些为高级定制时装努力工作了几十年的工匠们的手艺的尊重，让高定时装回归初心：年轻、新鲜、快乐。

1999年7月，爱马仕集团注资 Jean Paul Gaultier，获得品牌35%的股份。五年后，他被任命为爱马仕成衣线的创意总监。在此后的七年里，戈尔捷潜入爱马仕的世界，专心研究品牌档案，一遍遍穿梭在公司博物馆，搜集可以带来灵感的素材。在此基础上，他打造了一个个带着鲜明的戈尔捷烙印又不失爱马仕特征的系列。他的制胜法宝是：品质卓越的皮革，世代相传的精湛工艺，可以与高级定制时装相媲美的成衣设计。

2011年5月，西班牙的普伊格（Puig）集团收购了 Gaultier 公司45%的股份，包括爱马仕手中的35%和戈尔捷手中的10%。他失去了公司的控制权，但是继续担任品牌创意总监和形象代表。

为了更加专注于高级定制时装的创作，他于2014年宣布关闭成衣线。

2020年初，让·保罗·戈尔捷宣布即将退休，1月22日在巴黎夏特莱剧院举行的庆祝他职业生涯五十周年的大秀也是他的告别秀。他将自己的高定时装交给新一代设计师继续发扬光大。

痴迷于创作的让·保罗·戈尔捷每天在办公室努力工作12小时，他能承受非同一般的工作压力。他不抽烟，很少喝酒：这是他保持青春活力的秘诀。他幽默的口才和孩子气的热情有着让人无法抗拒的魅力。他时刻保持的好心情感染并激励着每一个人。

图16-42 让·保罗·戈尔捷的作品

2. 主要成就

当我们想起让·保罗·戈尔捷，脑子里涌现的是他锋芒毕露的演出画面，怪诞的巴黎女郎身穿带有尖锐戏谑意味的夸张裙子。他让时尚走出了象牙塔，并给它灌入了街头色彩，颠覆了美与丑、优雅与粗俗的界限。同时，他也是巴黎最好的裁缝之一，可以非常稳健地画出一套完美的西裤套装，在模特身上雕刻褶皱线条，制作充满想象力的如天外来客的裙子（图16-42）。这是因为他完全掌握了工艺技术和服装史，他可以将男性和女性服装都进行再演绎，将不同的流行趋势、时间、功能融合在一起，无视那些腐朽陈见，按照自己的想法改变它们。戈尔捷也是第一个找素人做模特的设计师：美的、丑的，胖的、瘦的，年轻的、年老的……都可能在他的秀场出现。

常有惊世骇俗之举的麦当娜，也懂得欣赏这个挑战者的天分，请他为自己1990年的"金发雄心（Blond Ambition）"全球巡回演唱会设计了一整套全新的演出服装，其中包括著名的锥形胸衣。此后，戈尔捷和这位流行巨星成为朋友，她后来为他走过两次秀。十六年后，他又为她的"忏悔之旅（Confession Tour）"演唱会设计服装。张国荣2000年"热·情"演唱会、李宇春2012年"疯狂世界"演唱会的服装也都出自这位设计师之手。

他还为多部电影打造了服装，其中最著名的当属《第五元素》。

他还参与了很多联名设计，包括为可乐、香槟、矿泉水设计包装，为巴黎钱币博物馆设计纪念币，为联合国儿童基金会设计贺卡等。他两度与中国著名的羽绒服品牌波司登合作，助力品牌国际化形象进一步提升。

他的创作为他赢得了诸多荣誉：2000年，美国时装设计师协会颁发的国际大奖；2006年，水晶球最佳时装设计师；2011年，水晶球最佳时装设计；2019年，凭借《时尚怪胎秀》的服装设计，获得了法国音乐剧最佳服装设计奖杯。他还被授予法国荣誉军团骑士和艺术与文学军官勋章。

*Elle*杂志将戈尔捷的设计定义为"坚定地游离于流行之外"，丰富而混杂，他是最难一言以蔽之的设计师之一。他打破了所有的准则，粉碎了所有既定的条条框框。戈尔捷超越了时尚，是一种生活方式，是穿上或者放弃一件服装的方式，无论这件衣服是否被打上JPG的标签。

二十二、约翰·加利亚诺

1. 个人经历

约翰·加利亚诺（John Galliano，1960～，图16-43）于1960年11月28日生于西班牙的直布罗陀，父亲是英国和意大利的后裔，母亲为西班牙人。其父是个水管工，他在父亲那里学会了不少手艺，从小就喜欢制作一些小玩意。六岁时，全家迁至伦敦南部一个贫穷的郊区巴特西，这让年幼的加利亚诺感受到了剧烈的文化冲击。这个街区在连续几波移民潮后，变成了一个大熔炉，并在未来为他提供源源不断的灵感。

1981年，二十一岁的加利亚诺考上了著名的伦敦中央圣马丁艺术学院，一年的预科结束后，他选择报读时装设计专业。他随时随地都在画画，总是泡在学

图16-43　约翰·加利亚诺

校图书馆和各个博物馆、美术馆中。努力学习的同时，他还在伦敦国家剧院兼职，做穿衣工和烫衣工。这段工作经历让他对服装和面料有了更深的认识，同时也点燃了他的想象力，为他后来创作戏剧化的作品和大秀埋下了引子。1984年6月，加利亚诺凭借灵感源自法国督政府时期说话做作、奇装异服的年轻人的毕业作品征服了评委团，被评为卓越奖。

对约翰来说，事业起步非常顺利。在伦敦非常受欢迎的布朗精品店买下了他的整个毕业设计。这些作品陈列在橱窗里，吸引了很多时尚达人的关注。从入行第一天起他就是时装界与媒体宠爱的孩子。同年，加里亚诺创立了自己的品牌，登上伦敦时装周。对于他高超的剪裁天赋、娴熟的面料运用和精湛的秀场表达，所有人都交口称赞。

1989年，他得到一位法国设计师的支持，在巴士底附近建立了一个小工坊，转战巴黎时装周。在资金短缺的情况下，他坚持完成了1989年的第一场发布会。在此期间，加利亚诺谦心学习，很少公开露面，但每季的时装展示会上都有新作问世。尽管在艺术上取得了毋庸置疑的成就，但财务上的成功并未如期而至。1994年，已经一贫如洗的他幸运地得到了来自美国《时尚》（VOGUE）主编安娜·温图尔的鼎力支持，帮他找到了投资人。10月，加利亚诺的1995年春季时装系列得以如期发布。这个系列如平地一声雷，使时装界为之震动。很快，他的客户中就出现了像麦当娜这样的大人物。

这时，LVMH集团的老板贝尔纳·阿尔诺正在寻找一个可以振兴Givenchy品牌的接班人，因为其创始人即将按计划退休。而约翰·加利亚诺就成了这个幸运儿。尽管很多人对此都充满了怀疑，加利亚诺还是全身心地投入了这场挑战。1996年1月，他推出了人生中第一个高级定制系列，他用自己充满想象力的魔法升华了品牌的灵魂，将幻想和魅力巧妙大胆地融合在了一起。

在为1996年10月新一季的发布会做准备的时候，约翰已经知道他与Givenchy的合约将提前结束。直觉敏锐的阿尔诺将他提拔到了Dior公司。1997年1月20日，加利亚诺以五十套注入了新元素的服装纪念New-Look的五十周年，用自己的方式向Dior过去的辉煌致敬。在这场首秀中，他大肆渲染了无忧无虑的盛大晚会和舞会，同时将品牌的传统融入了未来主义的轨迹。阿尔诺想要打破那种可能会让高定时装僵化的高高在上。约翰做到了。

1999年起，他成为品牌全线艺术总监。女装、童装、皮草、配饰、眼镜、手表、香水、化妆品和广告：所有作品都必须经过他的认可才能走出工作室。加利亚诺大权在握，精准掌握快意疯狂和商业理性之间的距离。他知道必须在秀场上推出拳头作品，并将它们演化成可以在店里销售的产品。目标是每个人都能拥抱Dior梦想。

然而，这位红得发紫的设计师不断攀升的事业在2011年2月24日这一天戛然而止了，毫无回旋的余地。一段视频显示，他在咖啡馆的露天座上喝醉了，大爆种族主义和反犹太主义言论，让整个时尚界都大为震惊。一个热爱文化交融和创新的艺术家怎么能表现得像一个粗野之人？LVMH集团以极快的速度解雇了他，无论是Dior还是他自己的品牌John Galliano都与他无关了。加利亚诺的时代骤然落幕。同时，这也为行业中盛行的明星制度敲响了丧钟。一整个时代结束了。

此后三年多，约翰主要生活在纽约，努力克服他的酒瘾和药瘾并反省自己的行为。除了2011年7月为凯特·莫斯设计的婚纱和与奥斯卡·德拉伦塔的合作之外，约翰没有碰过他的剪刀和缎带。

直到2014年10月6日，OTB集团宣布约翰·加利亚诺加入梅森·马吉拉（Maison Margiela），担任创意总监。复出以来，加利亚诺再一次展现了自己的实力，很快就以大胆、前卫、实验性的设计为Margiela获得巨大人气，同时也帮助品牌实现更大的商业层面的成功（图16-44）。

图16-44 约翰·加利亚诺的作品

2. 主要成就

约翰·加利亚诺是一位极具个人风格的浪漫主义大师。无论是浮光掠影的好莱坞华丽风格，还是充满感染力的后现代激情，都展现出他天马行空的想象和孩童般对艺术的纯粹热爱。他非常善于将超级戏剧化和摇滚风、英伦荒诞和法式奢华结合在一起，产生一种难以抗拒的吸引力，令人耳目一新，难以忘怀。

加利亚诺曾在1987年、1994年、1995年、1997年四度被评为英国年度设计师。

1997年，他获得美国时装设计师协会颁发的国际大奖。

2001年，他在女王诞辰日被授予大英帝国司令勋章，以表彰他对时装业的贡献。

2004年，在BBC的一项民意调查中，他被评为英国文化中第五大最具影响力的人。

2007年，他获评水晶球最佳时装设计师。

2009年，时任法国总统授予他荣誉军团勋章（三年后，因种族歧视言论事件，官方公报上公布撤销了他的勋章）。

加利亚诺永远都是奢华的约翰，他不仅是时装秀王者，也是广告站的常胜将军。他加盟后的第二年，Dior年销售增长率就达到了40%。即便是2008年受到金融危机的影响，其销售收入仍然有所增长，2010年的净利润更是大增81%。而在Maison Margiela品牌的第一个五年里，他通过服饰对多个社会议题进行回应的同时，也采取了积极主动的社交媒体战略，进一步拉近了品牌与年轻一代消费者的距离，带领品牌实现了收入翻番。

加利亚诺的才华世人有目共睹。愿这位重新出发的"鬼才"设计师在正确的方向上越走越远。

二十三、郭培

1.个人经历

郭培（1967～，图16-45）于1967年3月12日出生于北京，父亲是一名军人，母亲是幼儿园老师。她对高级定制事业的热情深深植根于她儿时的梦想：对完美的渴望，对美的追求。她两岁时就喜欢上了摆弄针线，并迅速对制衣产生了浓厚的兴趣。尽管父亲对她的理想并不支持，她还是坚定地考入了北京二轻工业学校服装设计专业，并于1986年以第一名的成绩毕业。毕业后的十年里，她在各大服装企业历练，在专业领域不断探索。在成为北京天马服装公司的首席设计师后，她创作的作品得到了非常好的销量和市场反馈，使公司迅速晋升为中国十大服装品牌。

图16-45　郭培

为了实现自己创作定制服装的梦想，1997年，她放弃了自己在公司的高薪职位，创立了自己的品牌和工作室"玫瑰坊"。她带领玫瑰坊刺绣团队，恢复了几近失传的"宫绣"工艺，"宫绣"技艺中，最具皇家气质与风范的"金绣"技法也成为郭培探索与创新的领域。如今，她雇用了近500名技术娴熟的工匠，致力于制作她令人惊叹的作品，其中一些可能需要数千小时和长达两年的时间才能完成。

随着郭培在高品质、独创性方面的美誉越来越高，她的影响力也越来越大。从成功女商人的日装到明星走红毯的晚装，从华贵精美的婚纱到喜庆大气的春晚礼服，郭培是中国最多产的服装设计师之一。

在2008年北京奥运会颁奖礼仪服饰征集中，郭培及其团队设计的"宝蓝色""国槐绿""玉脂白"三个系列共285套礼服获得了一等奖。历时一年的设计修订，11万个小时的制作工时，这些礼服最终在奥运会和残奥会的颁奖仪式上亮相。不仅如此，开闭幕式演出中多位明星的演出华服也都出自她之手。

2015年是郭培的一个重大转折点。她耗时5万个小时制作而成的作品"大金"在纽约大都会博物馆"中国·镜花水月"特展中展出，并独享一个展览厅。在展览开幕的主题慈善舞会上，流行歌手蕾哈娜穿着她的作品"黄皇后"成为红毯上的焦点。同年7月，巴黎装饰艺术博物馆元帅厅举办了她的首次个展"我与时装的故事"精品展。展出的30余件作品中，既有突出概念性的礼服，也有注重实穿性的时装，其中不乏中国元素和传统工艺，反映了她在不同阶段的创作特点。

2016年，郭培通过审核，成为巴黎高级定制时装公会的客座会员。同年1月27日，郭培携"庭院"系列首次以正式受邀会员的身份亮相巴黎高级定制时装周官方日程，作品广受好评。随着她在巴黎著名的圣奥诺雷街的新工作室的建立，以及同名高定品牌Guo Pei的推出，未来将充满激动人心的无限可能。

2020年郭培也有了新的尝试。在网购平台开设店铺"Rosestudio by GuoPei"，推出价格亲民的"高定延伸款"成衣，她本人参与了直播，在直播间为大家展示线上店铺内的服装。可谓身体力行实践"国潮"。

2.主要成就

郭培被誉为"中国高级时装定制第一人"，是法国巴黎高级定制时装公会首位亚洲受邀会员，亚洲高级定制卓越会员。

20世纪90年代，还在服装企业做成衣设计师的时候，她就蝉联三届"中国国际服装服饰博览会"服装金奖；2005年荣登"2005年中国设计业青年百人榜"；2009年获评中国纺织行业年度精锐榜"十大设计名师"；2016年，她被《时代》杂志评为100位最具影响力人物之一，并被联合国贸发会创新与企业家精神世界峰会颁发"创新与企业家精神奖"；2022年，她被评为DFA世界杰出华人设计师。

近年来，郭培的作品成为世界级博物馆争相邀约的对象，向全世界展示了来自中国的高级定制和传统工艺（图16-46）。

2015～2021年，她先后三次在美国洛杉矶保尔博物馆举办个展，并以50万浏览量打破博物馆的记录。

2017年，受美国萨凡纳艺术与设计学院（SCAD）之邀，郭培在亚特兰大举办特展"时尚的超越（Couture Beyond）"。

2018年由新西兰纪录片大师皮耶特拉·布莱特凯莉（Pietra Brettkelly）执导的郭培首部

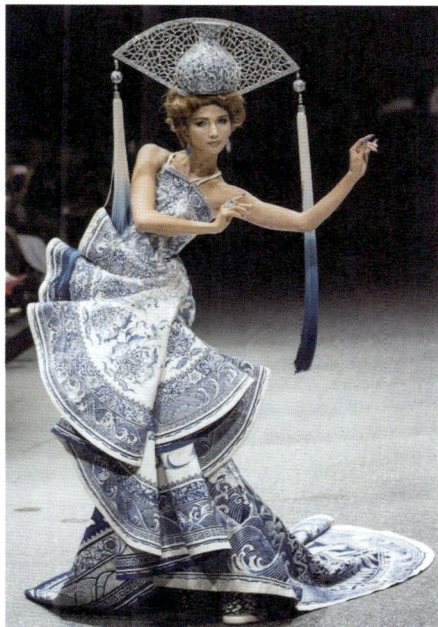

图16-46 郭培的作品

个人纪录片《明黄禁色（YELLOW IS FORBIDDEN）》，由新西兰选送参加第91届奥斯卡最佳外语片的角逐。

2019年6月，郭培在新家坡亚洲文明博物馆举办了其收场亚洲个人主题展"郭培：中国艺术与高级定制服装"。

2019年10月，郭培的作品"黄金"嫁衣，在伦敦苏富比"点石成金"专场拍卖会上拍出37.5万英镑，创造了拍卖领域的一大传奇。

2019年11月，郭培受邀参加伦敦维多利亚和阿尔伯特博物馆的"Fashion In Motion"时尚活动，在博物馆极具标志性的拉斐尔画廊展示其2019年秋冬高定"异世界"系列，在启动观秀预约通道的10分钟之内，近千张门票被抢订一空，主办方不得不增加席位以满足更多观众对大秀的期待，可见郭培在国际上的非凡影响力。

2022年，美国旧金山美术博物馆（荣勋宫）举办了"郭培：奇幻高定"个人作品回顾展。

作为文化遗产的现代使者，郭培为传承了数千年的刺绣和绘画传统注入了新的活力，同时也将中国传统文化融入高级时装的设计之中。她将高定服装的手工制作部分比作一种从"心"、从"爱"出发的结果，强调其设计的作品精神无价、爱无价、从灵魂的质感出发的价值观，是一种具有温度的表达，是一种与工业革命后的现代流水线化的快速精神相区别的，从祖先传承下来的工匠精神、匠心精神。她是一位充满激情的工匠，秉承着"东学为体，西学为用"的设计理念，她的作品展现了中国传统工艺的精髓，同时融合了当代创新和西方风格，她希望通过自己的创作唤起人们的情感并激励人们。

图16-47　侯赛因·卡拉扬

二十四、侯赛因·卡拉扬

1.个人经历

侯赛因·卡拉扬（Hussein Chalayan，1970～，图16-47）于1970年8月12日出生于塞浦路斯首都尼科西亚，是土耳其后裔。家里经营着餐馆，母亲则为全家人做衣服。他一岁时到伦敦，五岁时回到塞浦路斯上小学，十二岁时回到伦敦就读于寄宿学校。儿时所经历的政局动荡和颠沛流离的生活，对他后来的创作理念带来了很大影响。

在沃里克郡学院获得时装专业国际文凭之后，他考入了中央圣马丁学院。1993年，他的硕士毕业设计"The Tangent Flows"得到了评审团的一致好评。那是一组布满锈迹的女装，服装事先被铁屑覆盖，埋在地下六周后再挖掘出。这是一个与自然和时间共同创作的系列。他将抽象化的时间以服装为载体，展现了它在面料上的具象表现。这种很有创意的尝试和不拘一格的表达，使他一举成名。

1994年，他成立了自己的公司，并开始创作自己的同名品牌成衣。次年，他在伦敦时尚设计大奖赛中独占鳌头，赢得了2.8万英镑的资助，同年10月，他携新作首次亮相伦敦时装周，并获得广泛好评。

1998年，卡拉扬被任命为纽约著名的羊绒衫品牌TSE的创意总监；2000年，为伦敦高街零售商Top Shop和Marks & Spencer's制作了胶囊系列。这些工作的收入都成为他自己品牌创作的重要经费来源。

颠沛流离的童年记忆不断启发着侯赛因·卡拉扬的创作。2000年秋冬系列《后来》再一次颠覆了人们的想象。模特们在秀场上分别拆下沙发套、茶几等家具，在解构与重组后将其变成连衣裙穿在身上，正如人们在动荡的社会环境中只能随身携带几件重要物品被迫逃离、无家可归的场景（图16-48）。

图16-48　侯赛因·卡拉扬的作品

尽管他的创作得到了业内的广泛关注和认可，也获得了诸多奖项，却未能改变品牌不赚钱的事实。2001年，TSE公司决定不再与他续约，让他的财务状况雪上加霜。面对上百万美元的债务，卡拉扬只得申请自愿清算。

他将公司重组之后，在2002年推出了男装系列，并宣布开始参加巴黎时装周。

除了时装设计，卡拉扬还涉足装置、雕塑、影像以及编舞的创作。2005年，他代表土耳其参加了第51届威尼斯双年展，并发行了短片《缺席的存在》。

2014年，他被聘为维也纳应用艺术大学服装专业的首席教授。同年，他被任命为Vionnet品牌半高定系列的创意总监，并于第二年加盟品牌成衣线创意团队。

2019年，在结束了维也纳应用艺术大学的任期后，他又成为柏林工程应用科学大学服装系教授，专攻可持续设计研究。

他的作品经常在博物馆展出，通常被视为艺术品而不是衣服。2021年12月1日，侯赛因·卡拉扬在中国的首次个展在上海当代艺术博物馆开幕。展厅被设计成九个小岛连接而成的"群岛"，代表着他创作的9个阶段，以超过130件作品，回顾他自1993年迄今的时装与艺术创作。

2. 主要成就

侯赛因·卡拉扬的设计太过超前了，它们不是植根于历史、街头或者神话传说中，而是表现为一种未来意象和对未来的思索，他用他的作品传达着一种人类文明进化的可能性。同时，他也将服装推到了建筑、科技、当代艺术、人类学、哲学的高度，在时尚界创造出惊异和感动。

他在1999年、2000年两度获得"英国年度设计师"奖；2000年7月，《时代》杂志称他为"21世纪最具影响力的100位创新者之一"；美国版的《时尚》（Vogue）杂志称他为"未来十年将改变时尚进程的12位设计师之一"；2006年被授予大英帝国员佐勋章；2012年，美国《时代》周刊将其评为"史上百大时尚偶像之一"；2018年，卡拉扬荣膺极具声望的伦敦设计奖。

二十五、马可

1. 个人经历

马可（1971~，图16-49）于1971年出生于吉林长春。因为从小受到爱做衣服的妈妈的影响，十八岁的马可在高考时毫不犹豫地考入苏州丝绸工学院（后并入苏州大学）成为全国首届服装设计兼表演专业学生。在读书期间，马可就显示出了自己与众不同的设计思维和优秀的色彩搭配和绘画能力。毕业后，马可南下广州进入服装企业担任设计师工作，此后便开启了她的职业设计生涯。

1994年，二十三岁的她参加了第二届兄弟杯国际青年服装设计师大赛。《秦俑》系列作品赢得了大赛评委的一致好评。马可不仅荣获了金奖，并且至今仍是该奖最年轻的纪录保持者。这个系列改变了中国人一提传统服饰文化言必称旗袍的现象。

获奖后，众多企业慕名而来，开出优渥条件邀请她加入，然而却没有一家企业因具有与她一

图16-49　马可

样的创建中国原创品牌梦想而能让她心仪。1996年，无奈的马可与合伙人创办了中国第一个设计师品牌——例外。经历了十年艰辛创业，"例外"终于成为中国服装行业里独树一帜的设计师品牌。然而，这时两位品牌创始人在经营理念方面产生了较大的分歧。马可不想为追求更大的商业利益而改变创业的初衷，也无法接受为利润快速增长而采取的极速扩张，这在她看来就是在透支企业未来，是对品牌巨大的伤害，2006年，她辞去例外设计总监的职务。

2006年4月22日，马可正式在珠海创建了"无用"工作室，那一天正好是世界地球日。选择这一天为品牌的创立日，意在表达对人类的衣食父母——地球的无限敬重，这也是马可一直坚持的理念。而衣服的选料都是百分之百纯天然，不会对地球造成任何污染。这是马可的坚持，也是创办"无用"的初心（图16-50）。"用更少、更好的东西，过更有意义的生活。"这句话，也是"无用"品牌的价值观所在。"无用"工作室后正式注册为"珠海无用文化创意有限公司"，成

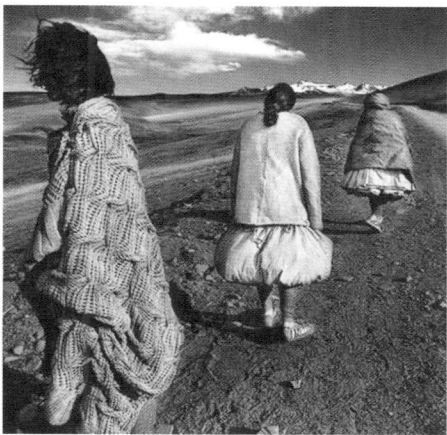

图16-50　马可的作品

为中国首家致力于传统民间手工艺的保护、传承及创新的社会企业原创品牌。

2007年，马可受巴黎时装公会主席的邀请，携作品《无用之土地》首次亮相巴黎时装周。2008年作为首位中国服装设计师获邀参加巴黎高级定制时装周，发布作品《奢侈的清贫》。

首次巴黎之行后，马可陷入了矛盾中：到底是走职业艺术家的道路在世界各地博物馆举办展览，还是按原计划去做中国的民间手工艺的调研，通过成立品牌来支持和帮助中国千千万万的手工艺人？最终，马可选择了后者，自2008年高定时装周的发布之后再也没有去过时装周。

2014年，团队在北京老城区开创了"无用生活空间"，在这样一个空间里面，她把心里认为的这个时代最稀缺、最宝贵的东西，非常认真地与大家分享，如手作衣裳展、百年鞋履展、传统手作油纸伞等。

2. 主要成就

马可是圈内公认的天才设计师，她却与人们眼中的时尚划清界限。她将设计师的责任归纳为生态责任、道德责任和文化传承责任。她本人在创作和创业的过程中也一直身体力行承担起这些责任。她是一个设计师，更是一个艺术家。

她的作品《无用之土地》先后于2008年、2010年在伦敦著名的维多利亚和阿尔伯特博物馆举办的"创意中国"当代艺术设计展览和荷兰海牙博物馆举办的"高级时装

历史回顾展"中展出。作品《奢侈的清贫》于2011年赴荷兰鹿特丹参加"大胆设计"展览。法国时装联合会主席在谈到她的时装秀时说:"我们见证了一位真正天才设计师的诞生。"

2008年,贾樟柯拍摄的纪录片《无用》在法国上映,纪录片以马可参加2007年巴黎时装周为中心事件,讲述了分别发生在广州、巴黎、汾阳的三段故事。这是一部诗意的纪录片,贾樟柯也凭借这部纪录片荣获2007年威尼斯电影节地平线单元最佳纪录片奖。

正如"无用"这个名称所传达的,马可意在拾起那些被工业化遗忘或者抛弃的、被工业时代定义为"无用"的手艺和物件。她所做的,是重新赋予"无用之物"应有的价值:那些超越物质层面的、精神性的价值。马可一生只做一件"无用"的事,并将它做到极致。就是因为怀着这份执着,她在时装界发出了不一样的声音,向全世界展示了中国源远流长的历史文化。

参考文献

［1］黄能馥，陈娟娟.中国服装史[M].上海：上海人民出版社，2004.

［2］沈从文.中国古代服饰研究[M].上海：上海世纪出版集团，2005.

［3］孔德明.中国服饰造型鉴赏图典[M].上海：上海辞书出版社，2007.

［4］李薇.中国传统服饰图鉴[M].北京：东方出版社，2010.

［5］常沙娜.中国织绣服饰全集[M].天津：天津人民美术出版社，2004.

［6］李当岐.西洋服装史[M].2版.北京：高等教育出版社，2005.

［7］华梅.西方服装史[M].北京：中国纺织出版社，2003.

［8］贝特朗·梅耶·斯塔布莱.改变历史的12位女设计师[M].孙丽，译.北京：中国纺织出版社有限公司，2020.

［9］贝特朗·梅耶·斯塔布莱.12位改变历史的时尚大师[M].孙丽，译.北京：中国纺织出版社有限公司，2022.